Enfermera

de alergia

e

inmunología

La guía completa

ALEXANDRE CAREWELL

Índice

11

« *La alergología y la inmunología son un poco como ser un detective especializado en los misterios del cuerpo humano. El alergólogo rastrea lo que le hace estornudar, picar y ruborizarse, mientras que el inmunólogo entrena al equipo de defensa del cuerpo, asegurándose de que cada célula esté preparada para combatir a los invasores no deseados. Juntos, ¡se aseguran de que no estornude demasiado y de que su escudo corporal esté siempre en plena forma!* »

Capítulo 1

Introducción
Alergología
E
Inmunología

Definición y función
Alergología e inmunología

La alergología y la inmunología son dos disciplinas médicas estrechamente relacionadas, que se ocupan respectivamente de los mecanismos de las reacciones alérgicas y de las funciones del sistema inmunológico. Su ámbito de aplicación es vasto, ya que abarcan una amplia gama de manifestaciones clínicas, desde la simple rinitis estacional hasta las inmunodeficiencias complejas, por lo que afectan a una parte importante de la población.

La alergología se ocupa principalmente del modo en que nuestro organismo reacciona de forma exagerada ante determinadas sustancias, conocidas como alérgenos. Estos alérgenos pueden estar presentes en nuestro entorno, como el polen, el polvo o los alimentos. La mayoría de las personas pueden exponerse a estas sustancias sin ningún problema, pero para otras esta exposición desencadena una reacción alérgica. Esta hipersensibilidad del sistema inmunitario puede manifestarse en síntomas tan leves como estornudos o tan graves como un shock anafiláctico, una reacción potencialmente mortal.

La inmunología, por su parte, se dedica al estudio del sistema inmunitario, la increíble máquina de defensa que protege nuestro cuerpo contra las infecciones. Se trata de una compleja red de células, tejidos y órganos que trabajan juntos para detectar y neutralizar agentes patógenos como bacterias, virus y otras amenazas. Sin embargo, cuando este sistema no funciona correctamente, ya sea por exceso o por defecto, puede dar lugar a una serie de enfermedades, desde alergias hasta inmunodeficiencias.

El papel de la Alergología y la Inmunología es, por tanto, doble. Por un lado, consiste en identificar, diagnosticar y tratar las alergias, ayudando a los pacientes a comprender sus desencadenantes y a controlar o evitar la exposición. Por otro lado, la especialidad trata de comprender las disfunciones del sistema inmunitario, ya se trate de una reactividad excesiva o de una incapacidad para proteger el organismo, y de aplicar estrategias para corregir estas anomalías.

La alergología y la inmunología se encuentran en la encrucijada de muchas disciplinas médicas, ofreciendo una comprensión única de la interacción entre nuestros cuerpos y el entorno que nos rodea. Al navegar por este fascinante mundo de reacciones y defensas, los especialistas en estos campos desempeñan un papel esencial a la hora de garantizar que nuestro sistema inmunitario funcione de forma armoniosa, protegiendo nuestra salud sin atacarnos a nosotros mismos.

La importancia de la especialización en la medicina moderna

La medicina moderna, con sus avances tecnológicos y científicos, está a la vanguardia de la comprensión del cuerpo humano. En el corazón de esta comprensión se encuentra la Alergología y la Inmunología, una especialidad que arroja luz no sólo sobre los mecanismos por los que nuestro cuerpo se defiende, sino también sobre cómo y por qué reacciona de forma exagerada ante sustancias que son inofensivas para la mayoría.

Con las enfermedades alérgicas en aumento como nunca antes, la alergia es más relevante que nunca. Según la Organización Mundial de la Salud, cientos de millones de personas padecen alergias respiratorias, y esta cifra sigue creciendo. Las razones de este aumento siguen siendo objeto de un activo debate, pero se sospecha que factores como la contaminación, los cambios en nuestro estilo de vida, la dieta e incluso una higiene excesiva desempeñan un papel. Las alergias no son sólo desagradables; pueden mermar seriamente la calidad de vida y, en casos extremos, ser mortales.

La inmunología, por su parte, es la piedra angular de nuestra comprensión de muchas enfermedades, desde las infecciones comunes hasta las enfermedades autoinmunes y el cáncer. Con el reciente desarrollo de terapias dirigidas, como la inmunoterapia para el tratamiento del cáncer, está claro que la manipulación del sistema inmunitario es una apasionante frontera de la medicina moderna. Además, en un mundo en el que las enfermedades emergentes y reemergentes son una preocupación constante, una comprensión sólida de la inmunología es esencial para desarrollar estrategias eficaces de prevención y tratamiento.

La especialidad también desempeña un papel crucial en el campo de las vacunaciones, una de las intervenciones médicas más transformadoras de nuestro tiempo. Mientras los debates sobre la vacunación siguen agitando la opinión pública, los expertos en inmunología son esenciales para desmitificar los hechos, orientar la investigación y garantizar la eficacia y seguridad de las vacunas.

La alergología y la inmunología, al fin y al cabo, no son una rama más de la medicina; están intrínsecamente ligadas a cómo interactuamos con nuestro entorno en general. Informan y son informadas por todo, desde la ecología a la sociología, desde la biología molecular a la salud pública. Al desentrañar los misterios del sistema inmunitario y aportar soluciones a los retos que plantean las alergias, esta especialidad sigue dando forma a la medicina moderna, prometiendo avances apasionantes y esenciales para la salud humana en los próximos años.

Papel y responsabilidades de la enfermera en Alergología e Inmunología

En el dinámico y complejo campo médico de la alergia y la inmunología, la enfermera desempeña un papel fundamental. Mucho más que un simple apoyo al médico, a menudo son el primer punto de contacto para los pacientes, desempeñando un papel crucial en la evaluación, la educación y la gestión general.

- **Evaluación del paciente** : Cuando los pacientes presentan síntomas de alergia o inmunodeficiencia, suele ser la enfermera quien realiza la evaluación inicial. Ella elabora el historial médico, realiza pruebas preliminares y evalúa la gravedad y la naturaleza de los síntomas. Esta evaluación inicial es esencial para orientar el tratamiento posterior.
- **Administración de pruebas**: las enfermeras especializadas en alergias están capacitadas para realizar pruebas cutáneas, medir los niveles de inmunoglobulina, administrar pruebas de provocación y otras evaluaciones especializadas que ayudan a determinar la causa subyacente de los síntomas de un paciente.
- **Educación del paciente**: Una de las funciones más cruciales de la enfermera es educar a los pacientes sobre su enfermedad. Proporciona información sobre la naturaleza de las alergias o los trastornos inmunitarios, los posibles desencadenantes, cómo prevenir la exposición y cómo gestionar una reacción alérgica o una crisis inmunitaria.
- **Administración de tratamientos**: Ya sea administrando inmunosupresores, inmunoglobulinas o inyecciones de alérgenos para la inmunoterapia, la enfermera suele ser la que gestiona directamente los tratamientos. Debe ser una experta en la técnica, al

tiempo que garantiza la seguridad y comodidad del paciente.

- **Seguimiento del paciente**: Tras la administración de un tratamiento, a menudo es necesario vigilar a los pacientes para detectar posibles reacciones. La enfermera observa las constantes vitales, los síntomas de reacciones alérgicas y cualquier otro efecto secundario.
- **Colaboración interdisciplinar**: Las enfermeras especializadas en alergia e inmunología trabajan en estrecha colaboración con un equipo multidisciplinar de alergólogos, inmunólogos, dietistas, trabajadores sociales y otros profesionales sanitarios. Esta colaboración garantiza una atención holística al paciente.
- **Investigación y actualización de conocimientos**: La medicina evoluciona rápidamente y las enfermeras tienen la responsabilidad de mantenerse al día de las últimas investigaciones, tratamientos y directrices en alergología e inmunología. También pueden desempeñar un papel activo en la investigación clínica.
- **Apoyo emocional**: Ante un diagnóstico de alergia o trastorno inmunológico, muchos pacientes experimentan ansiedad, frustración o miedo. La enfermera ofrece apoyo emocional, escucha las preocupaciones de los pacientes y les orienta hacia los recursos adecuados.
- **Gestión de emergencias**: En caso de reacción alérgica grave, como un shock anafiláctico, la enfermera debe actuar con rapidez para administrar el tratamiento de emergencia y estabilizar al paciente.

La enfermera especializada en alergias e inmunología es educadora, terapeuta, investigadora y defensora. Su posición única en la encrucijada de la atención clínica, la educación y la investigación la convierte en un pilar indispensable en el cuidado de los pacientes con alergias y trastornos inmunológicos.

Capítulo 2:

ANATOMÍA
Y
FISIOLOGÍA
EL SISTEMA
INMUNOLÓGICO

Componentes clave
el sistema inmunológico

El sistema inmunitario es una red compleja e interconectada de células, tejidos, órganos y moléculas que trabajan conjuntamente para defender al organismo contra agentes patógenos y otras amenazas extrañas. Su capacidad para distinguir lo propio de lo ajeno es una maravilla de la biología, y depende de varios componentes clave para realizar sus funciones protectoras.

- Células inmunitarias :
  - **Linfocitos** : Son esenciales para la respuesta inmunitaria adaptativa. Los principales tipos son los linfocitos T (que pueden matar directamente a las células infectadas o ayudar a otras células inmunitarias) y los linfocitos B (que producen anticuerpos).
  - **Fagocitos** : Estas células se "comen" a los invasores. El macrófago es un fagocito muy conocido, al igual que el neutrófilo.
  - **Células NK (Natural Killer)**: Son capaces de eliminar directamente determinadas células infectadas o tumorales.
- **Anticuerpos**: Son proteínas especiales producidas por los linfocitos B en respuesta a un antígeno específico. Se unen a este antígeno, marcándolo para su destrucción o neutralizando directamente su función.
- Órganos linfoides :
  - **Médula ósea**: Es el lugar de nacimiento de las células sanguíneas, incluidas la mayoría de las células inmunitarias.
  - **El timo**: Aquí es donde maduran los linfocitos T.

- **Ganglios linfáticos**: Actúan como filtros, capturando patógenos y exponiéndolos a las células inmunitarias.
- **El bazo**: filtra la sangre, exponiéndola a las células inmunitarias y destruyendo los glóbulos rojos viejos.
- Barreras físicas y químicas :
  - **La piel**: Es la primera línea de defensa, ya que actúa como barrera física.
  - **Membranas mucosas**: se encuentran en los tractos respiratorio, digestivo y genitourinario, segregan mucosidad que atrapa a los patógenos.
  - **Enzimas digestivas**: En el estómago, destruyen muchos agentes patógenos que se ingieren.
- **Citocinas y quimiocinas**: Son proteínas de señalización que modulan la actividad del sistema inmunitario, promoviendo o inhibiendo diversas respuestas.
- **El sistema del complemento**: Se trata de un conjunto de proteínas sanguíneas que, cuando se activan, pueden perforar la membrana de las bacterias y destruirlas.
- **Células dendríticas**: "presentan" fragmentos de patógenos a los linfocitos T, desempeñando un papel esencial en la vinculación de la inmunidad innata y adaptativa.

La coordinación de estos componentes permite al sistema inmunitario montar una defensa rápida contra las amenazas (inmunidad innata) al tiempo que desarrolla una memoria inmunitaria para las amenazas encontradas previamente (inmunidad adaptativa). Es esta capacidad de "recordar" la que se aprovecha cuando utilizamos vacunas para prevenir enfermedades. En el magnífico ballet de la inmunidad, cada componente desempeña un papel esencial para garantizar la salud y el bienestar del individuo.

Cómo funciona el sistema inmunológico

El sistema inmunitario es una maravilla de coordinación y adaptabilidad. Protege al organismo de agentes patógenos como virus, bacterias y parásitos, así como de células tumorales. Su capacidad para diferenciar entre lo que pertenece al cuerpo (lo propio) y lo ajeno (lo no propio) es fundamental para su funcionamiento. He aquí cómo funciona:

- **Inmunidad innata**: Se trata de la primera línea de defensa, que ofrece una respuesta rápida pero inespecífica contra los invasores.
  - **Barreras físicas**: La piel y las mucosas impiden la entrada de agentes patógenos.
  - **Respuesta inflamatoria**: En caso de lesión o infección, la dilatación de los vasos sanguíneos permite que lleguen al lugar más glóbulos blancos, lo que provoca enrojecimiento, calor e hinchazón.
  - **Fagocitosis**: Los fagocitos, como los macrófagos, se "comen" a los invasores.
  - **Proteínas del complemento**: Pueden atacar directamente la membrana del agente patógeno o marcarlo para la fagocitosis.
- **Inmunidad adaptativa**: tarda más en desarrollarse, pero es específica y tiene memoria inmunológica.
  - **Linfocitos T**: Una vez que han madurado en el timo, pueden reconocer antígenos específicos mediante receptores. Algunos, los linfocitos T citotóxicos, destruyen directamente las células infectadas, mientras que los

linfocitos T auxiliares estimulan otras partes del sistema inmunitario.

- **Linfocitos B**: Tras su activación, se diferencian en células plasmáticas que producen anticuerpos específicos contra un antígeno. Estos anticuerpos pueden neutralizar o marcar al patógeno para su destrucción.
- **Memoria inmunológica**: Tras una exposición inicial, se conservan linfocitos B y T de memoria. Si se vuelve a encontrar el mismo agente patógeno, la respuesta es más rápida y fuerte.

- Comunicación y regulación :
  - **Citocinas**: Estas proteínas señalan y coordinan la actividad entre las diferentes células inmunitarias. Pueden promover o inhibir una respuesta inmunitaria.
  - **Células reguladoras**: Ciertas células, como los linfocitos T reguladores, ayudan a modular o desactivar la respuesta inmunitaria para evitar daños en el tejido sano.
- Reconocimiento del yo y del no-yo:
  - **Complejos mayores de histocompatibilidad (CMH)**: Estas proteínas de la superficie de las células muestran trozos de antígeno. El CMH de clase I está presente en casi todas las células y muestra lo que es "normal". El CMH de clase II está presente en ciertas células inmunitarias y muestra antígenos extraños.
- Vigilancia y defensa contra el cáncer:
  - **Inmunidad antitumoral**: El sistema inmunitario reconoce y ataca a las células anormales. Las células NK y los linfocitos T citotóxicos desempeñan un papel especialmente importante en el reconocimiento y la destrucción de las células tumorales.

El sistema inmunitario es una maravilla del equilibrio: demasiado activo, y puede atacar a los propios tejidos del organismo, dando lugar a enfermedades autoinmunes; poco activo, y deja al cuerpo vulnerable a las infecciones. Su buen funcionamiento es, por tanto, esencial para nuestra supervivencia.

Desequilibrios e inmunodeficiencia

El sistema inmunológico es esencial para proteger al organismo contra invasores extraños. Sin embargo, a veces puede funcionar mal, provocando desequilibrios o fallos. Estas anomalías pueden hacer al individuo más vulnerable a las infecciones, desencadenar reacciones contra sus propios tejidos o provocar hipersensibilidad a sustancias generalmente inofensivas.

- Inmunodeficiencias :
    - **Inmunodeficiencias primarias**: Estos trastornos genéticos afectan a la capacidad del organismo para combatir las infecciones. Ejemplos: deficiencia de IgA, agammaglobulinemia ligada al cromosoma X.
    - **Inmunodeficiencias secundarias**: Son el resultado de otras enfermedades o tratamientos médicos. Por ejemplo, el VIH/SIDA afecta a los linfocitos T, mientras que la quimioterapia o la terapia con corticosteroides pueden reducir la actividad inmunitaria.
- Enfermedades autoinmunes :
    - Estas afecciones se producen cuando el sistema inmunitario ataca por error a las propias células y tejidos del organismo. Algunos ejemplos son la esclerosis múltiple (dirigida al sistema nervioso), el lupus eritematoso sistémico (que afecta a varios

órganos) o la artritis reumatoide (dirigida a las articulaciones).

- Alergias:
  - Las reacciones alérgicas se producen cuando el sistema inmunitario reacciona de forma exagerada ante una sustancia normalmente inocua, denominada alérgeno. Esto puede provocar síntomas como urticaria, asma o, en casos graves, un shock anafiláctico.
- Trastornos inflamatorios :
  - A veces, el sistema inmunitario puede provocar una inflamación excesiva o inapropiada, incluso en ausencia de infección o lesión. Enfermedades como la enfermedad de Crohn o la colitis ulcerosa son ejemplos de ello.
- Cánceres del sistema inmunitario :
  - Estos cánceres, como la leucemia y el linfoma, se originan en las células del propio sistema inmunitario. Pueden afectar a la función inmunitaria y a menudo requieren una intervención médica agresiva.
- Reacciones de rechazo :
  - Tras un trasplante de órganos, el sistema inmunitario del receptor puede reconocer el nuevo órgano como extraño y atacarlo, lo que provoca el rechazo del injerto. Entonces se prescriben inmunosupresores para reducir esta reacción.
- Síndromes de activación inmunitaria :
  - En algunos casos, puede producirse una activación excesiva e incontrolada del sistema inmunitario, lo que da lugar a síntomas sistémicos graves. El síndrome de liberación de citoquinas, observado a veces tras ciertas inmunoterapias, es un ejemplo.

Estos desequilibrios y fallos demuestran la importancia crucial de un sistema inmunológico bien regulado. El reconocimiento precoz y la gestión adecuada de estas afecciones son esenciales para prevenir complicaciones y mejorar la calidad de vida de los pacientes.

Capítulo 3:

LAS PRINCIPALES ENFERMEDADES ALÉRGICAS E INMUNOLÓGICAS

Alergias respiratorias

Las alergias respiratorias se encuentran entre las afecciones alérgicas más comunes. Son el resultado de una respuesta inmunitaria exagerada del organismo a los alérgenos presentes en el aire que respiramos. Pueden afectar a las vías respiratorias superiores, como la nariz, o a las inferiores, como los bronquios.

- Causas de las alergias respiratorias :
    - **Polen**: Los granos de polen de árboles, gramíneas y hierbas son alérgenos comunes.
    - **Ácaros del polvo**: Estas diminutas criaturas viven en el polvo doméstico y son una de las principales causas de alergias respiratorias.
    - **Pelo de animal**: Las proteínas presentes en la saliva, la orina y la caspa de los animales pueden provocar reacciones alérgicas.
    - **Moho**: Las esporas de moho presentes en los ambientes húmedos también son alérgenos potenciales.
    - **Cucarachas**: Los excrementos y las partes del cuerpo pueden ser alérgenos para algunas personas.
- Síntomas:
    - **Rinitis alérgica**: estornudos, picor de nariz, obstrucción o goteo nasal, ojos llorosos y con picor.
    - **Asma alérgica**: tos, dificultad para respirar, sibilancias y opresión en el pecho. Se trata de una inflamación de las vías respiratorias inferiores en respuesta a un alérgeno.
- Diagnóstico :
    - **Pruebas cutáneas**: Se aplican extractos de alérgenos en la piel mediante un pequeño pinchazo para determinar los alérgenos responsables.

- **Análisis de sangre (IgE específica)**: Mide la cantidad de anticuerpos IgE producidos en respuesta a determinados alérgenos.
- **Medición del flujo espiratorio máximo**: Se utiliza para evaluar la función pulmonar en los enfermos de asma.
- Tratamientos :
  - **Evitar el** alérgeno: La mejor manera de controlar una alergia es evitar el alérgeno. Por ejemplo, utilizando fundas antiácaros o limitando la exposición a los animales domésticos.
  - **Medicación sintomática**: Pueden prescribirse antihistamínicos, corticosteroides nasales, broncodilatadores y otros.
  - **Inmunoterapia (desensibilización)**: Su objetivo es acostumbrar gradualmente al organismo al alérgeno para reducir la gravedad de la reacción alérgica.
- Prevención :
  - **Control ambiental**: Reduzca la humedad para controlar el moho, utilice purificadores de aire y evite dormir con las ventanas abiertas durante la temporada de polen.
  - **Educación**: Comprender su propia alergia, saber qué la desencadena y cómo evitarlo.

Las alergias respiratorias, si no se tratan adecuadamente, pueden afectar significativamente a la calidad de vida de una persona. A menudo es necesario un enfoque multidisciplinar, en el que participen alergólogos, neumólogos y, por supuesto, enfermeras especializadas, para garantizar un tratamiento óptimo.

Alergias alimentarias y cutáneas

Las alergias alimentarias y cutáneas son manifestaciones comunes de una reactividad inmunitaria anormal a sustancias normalmente inocuas. Pueden variar en gravedad, desde un picor leve hasta reacciones potencialmente mortales.

- **Alergias alimentarias :**
  - Causas:
    - Ciertos alimentos son los responsables más frecuentes de las alergias, como los cacahuetes, la leche de vaca, los huevos, el pescado, el marisco, la soja, el trigo y los frutos secos.
  - Síntomas:
    - Estas alergias pueden provocar picor en la boca, hinchazón de los labios o la garganta, erupciones cutáneas, dolor abdominal, diarrea, vómitos y, en los casos más graves, shock anafiláctico.
  - Diagnóstico:
    - Prueba cutánea, análisis de sangre para detectar IgE específica y prueba de provocación oral bajo supervisión médica.
  - Tratamientos:
    - Evitación estricta del alérgeno alimentario, antihistamínicos y autoinyectores de epinefrina para tratar las reacciones anafilácticas.

- **Alergias cutáneas:**
- <u>Dermatitis de contacto:</u>
    - Causada por el contacto directo con un alérgeno (por ejemplo, níquel, látex, perfumes, conservantes).

- Síntomas: enrojecimiento, picor, ampollas.
- Diagnóstico: prueba del parche.
- Tratamiento: evitar el alérgeno, cremas con corticosteroides.

- Urticaria:
  - Erupciones cutáneas caracterizadas por manchas rojas elevadas que pican.
  - Puede desencadenarse por alimentos, medicamentos, picaduras de insectos u otros factores.
  - Diagnóstico: historial, pruebas cutáneas, análisis de sangre.
  - Tratamiento: antihistamínicos, evitar los desencadenantes.
    - Dermatitis atópica (eczema):
    - Enfermedad inflamatoria de la piel con un componente alérgico.
  - Síntomas: sequedad, enrojecimiento, picor.
  - Tratamiento: hidratación intensa, cremas con corticosteroides, evitar los alérgenos identificados.

- **Prevención y educación:**
  - La mejor estrategia para controlar las alergias es evitar la exposición a los alérgenos identificados.
  - Educar a los pacientes y a quienes les rodean es crucial, sobre todo para reconocer los primeros signos de una reacción alérgica y saber cómo intervenir, especialmente mediante el uso de un autoinyector de epinefrina.

Tanto las alergias alimentarias como las cutáneas requieren una atención cuidadosa e individualizada. Las enfermeras desempeñan un papel crucial en la educación y el seguimiento de los pacientes y en la aplicación de planes de acción en caso de reacción alérgica. La estrecha colaboración con alergólogos y dermatólogos garantiza unos cuidados óptimos y una mejor calidad de vida para los pacientes.

Deficiencias inmunitarias primaria y secundaria

Las inmunodeficiencias representan un grupo heterogéneo de enfermedades derivadas de un fallo del sistema inmunitario, que puede deberse a factores genéticos o adquiridos. Estas deficiencias pueden hacer a los individuos más susceptibles a infecciones, enfermedades autoinmunes o incluso cánceres.

- **Inmunodeficiencia primaria (IDP):**
  - Definición:
    - Las DIP son trastornos hereditarios o congénitos del sistema inmunitario. Generalmente se diagnostican en la infancia, pero algunos pueden no aparecer hasta la edad adulta.
  - Tipos comunes :
    - Agranulocitosis congénita: Deficiencia de neutrófilos.
    - **Deficiencia de IgA**: Falta de inmunoglobulina A.
    - **Síndrome de DiGeorge:** Ausencia congénita del timo.
    - Síndrome de inmunodeficiencia combinada grave (SCID): Ausencia de función de las células T y B.
  - Diagnóstico:
    - Antecedentes de infecciones, análisis de sangre (análisis de inmunoglobulinas,

recuento de linfocitos), pruebas genéticas.

- Tratamiento :
  - Profilaxis antibiótica, inmunoglobulinas intravenosas o subcutáneas, trasplantes de médula ósea o de células madre para determinados tipos.

- **Inmunodeficiencia secundaria:**
- Definición:
  - Estos déficits no son hereditarios, sino el resultado de una enfermedad o una condición externa. Son más frecuentes que los DIP.
- Causas comunes:
  - Enfermedades (VIH, ciertos cánceres, insuficiencia renal), malnutrición, envejecimiento, ciertos medicamentos (corticosteroides, inmunosupresores), tratamientos médicos (quimioterapia, radioterapia).
- Diagnóstico:
  - Evaluación clínica, análisis de sangre, identificación de la causa subyacente.
- Tratamiento :
  - Atacar la causa subyacente (por ejemplo, antirretrovirales para el VIH), profilaxis contra las infecciones, inmunoglobulinas, ajuste de los fármacos causantes.

- **Implicaciones para la práctica enfermera :**
- Evaluación :
  - Las enfermeras deben ser conscientes de los signos y síntomas de las infecciones recurrentes o atípicas.
- Educación :
  - Informar a los pacientes y a sus familias sobre la prevención de infecciones, los signos de alarma y la

41

importancia de las revisiones médicas periódicas.

- Gestión del tratamiento :
  - Administración de inmunoglobulinas, cuidados postrasplante, gestión de los efectos secundarios de la medicación.
- Apoyo psicológico :
  - Las inmunodeficiencias pueden tener un impacto psicológico importante, por lo que requieren un apoyo adecuado.

Comprender las inmunodeficiencias es esencial para los profesionales sanitarios. Las enfermeras, en particular, desempeñan un papel clave en la gestión, la educación y el apoyo a los pacientes que viven con estas deficiencias. La colaboración multidisciplinar con inmunólogos, hematólogos y otros especialistas es crucial para proporcionar una atención óptima.

Enfermedades autoinmunes

En el complejo mundo de la inmunología, las enfermedades autoinmunes ocupan un lugar especial. Son el resultado de un ataque inapropiado del sistema inmunitario a los tejidos y órganos normales del cuerpo, al reconocerlos como extraños. Esta disfunción del sistema inmunitario puede provocar una inflamación crónica y daños en los tejidos.

- Comprender la autoinmunidad :
  - Definición:
    - Las enfermedades autoinmunes se desarrollan cuando el organismo produce respuestas inmunitarias contra sus propias células, tejidos u órganos.

- Causa:
  - La causa exacta sigue siendo desconocida, pero los factores genéticos, medioambientales y hormonales parecen desempeñar un papel.
- Enfermedades autoinmunes comunes :
  - Artritis reumatoide :
    - Afecta a las articulaciones, provocando dolor, rigidez y posiblemente deformidad.
  - Lupus eritematoso sistémico :
    - Puede afectar a la piel, las articulaciones, los riñones, el corazón y el sistema nervioso.
  - Esclerosis múltiple :
    - Afecta al sistema nervioso central, lo que provoca alteraciones de la movilidad, la visión y la sensibilidad.
  - Diabetes tipo 1 :
    - Destrucción de las células beta del páncreas, lo que provoca una falta de insulina.
  - Enfermedad de Hashimoto :
    - Ataque a la glándula tiroides, a menudo causante de hipotiroidismo.
- Diagnóstico:
  - Se basa en síntomas clínicos, análisis de sangre (para detectar anticuerpos autoinmunes) y, a veces, biopsias.
- Tratamiento :
  - Varía según la enfermedad, pero generalmente incluye inmunosupresores, antiinflamatorios y otros tratamientos específicos para la enfermedad.
- Papel de la enfermera :
  - Evaluación :

- Identifique los síntomas y las posibles complicaciones, evalúe el dolor y el impacto funcional.
- Educación :
  - Informar a los pacientes sobre su enfermedad, medicamentos, efectos secundarios y estrategias de autocuidado.
- Gestión del tratamiento :
  - Administración de la medicación, control de los efectos secundarios, cuidado de las zonas afectadas.
- Apoyo psicosocial :
  - Vivir con una enfermedad autoinmune puede ser estresante y emocionalmente difícil. La enfermera desempeña un papel clave a la hora de proporcionar apoyo emocional y asesoramiento.
- Perspectivas y retos :
  - Las enfermedades autoinmunes pueden ser impredecibles, con periodos de reagudización y remisión.
  - Los tratamientos actuales pretenden controlar los síntomas y reducir la inflamación, pero pueden tener efectos secundarios.
  - La investigación continúa explorando las causas subyacentes y desarrollando nuevos tratamientos más específicos.

Las enfermedades autoinmunes son un área vasta y compleja de la medicina que requiere una comprensión profunda y una gestión cuidadosa. La enfermera, trabajando con un equipo multidisciplinar, está en el centro del tratamiento del paciente, proporcionando los cuidados, el apoyo y la educación necesarios para superar los retos de estas afecciones.

Capítulo 4:

TÉCNICAS DE DIAGNÓSTICO EN ALERGOLOGÍA E INMUNOLOGÍA

Historia y examen clínico

La anamnesis y la exploración clínica son los pilares fundamentales de la evaluación médica. En alergología e inmunología, estos pasos son cruciales para identificar los posibles desencadenantes, comprender la naturaleza de las reacciones y realizar un diagnóstico preciso.

- **Historia clínica :**
  - Definición:
    - La anamnesis es el arte de elaborar el historial médico de un paciente, prestando especial atención a los síntomas, los antecedentes familiares, las exposiciones y cualquier otro factor relevante.
    - Importancia en alergología e inmunología :
      - Identificación de exposiciones potenciales: alimentos, fármacos, medio ambiente.
    - Cronología de los síntomas: inicio, duración, gravedad y factores desencadenantes o atenuantes.
      - Antecedentes personales y familiares: Enfermedades autoinmunes o alergias en la familia, vacunaciones, infecciones frecuentes.
    - Medicación y tratamiento: Uso de antihistamínicos, corticosteroides, episodios de hospitalización.

- **Examen clínico :**
  - Inspección:
    - Observaciones de la piel (erupciones, urticaria, eczema), los ojos (conjuntivitis alérgica), la nariz (rinitis), la boca y la garganta.

- Palpación :
  - Comprobación de los ganglios linfáticos, palpación abdominal (para detectar cualquier esplenomegalia o hepatomegalia).
- Auscultación :
  - Auscultación de los pulmones para detectar sibilancias u otras anomalías, auscultación del corazón.
- Pruebas específicas :
  - Pruebas cutáneas para detectar alergias, pruebas de función pulmonar y otras pruebas pertinentes en función de los síntomas.
- Papel de la enfermera :
  - Preparación del paciente :
    - Explique el proceso, tranquilice al paciente, asegúrese de que se encuentra en las mejores condiciones posibles para el examen (por ejemplo, habiendo evitado los antihistamínicos antes de una prueba cutánea).
  - Asistencia durante el examen :
    - Ayudar al médico preparando y administrando pruebas, observando la reacción del paciente y asegurando su comodidad.
  - Educación :
    - Explique los resultados, instruyendo al paciente sobre el tratamiento de los síntomas, la medicación y las medidas preventivas.

- Documentación:
  - Tome notas detalladas y precisas sobre los síntomas, los resultados de las pruebas y las recomendaciones.

- **Retos y consideraciones específicas :**
  - La naturaleza a veces escurridiza d e las alergias o los trastornos inmunológicos puede requerir visitas repetidas y una evaluación en profundidad.
  - Las pruebas alérgicas pueden ser incómodas y requieren una estrecha vigilancia para detectar posibles reacciones.
  - Establecer una relación de confianza es esencial para obtener información precisa y completa.

La anamnesis y la exploración clínica son pasos esenciales para realizar un diagnóstico en alergología e inmunología. La enfermera desempeña un papel central en este proceso, sirviendo de enlace entre el paciente y el médico, facilitando el examen y proporcionando los cuidados y la educación esenciales. En este campo, cada detalle cuenta y una evaluación cuidadosa puede marcar la diferencia en la atención al paciente.

Pruebas cutáneas

En el campo de la alergología, las pruebas cutáneas desempeñan un papel predominante en la identificación de los alérgenos responsables de los síntomas de un paciente. Aunque sencillas en apariencia, estas pruebas requieren conocimientos precisos y una interpretación meticulosa.

- Principio de las pruebas cutáneas :
  - Introducción :
    - Las pruebas cutáneas consisten en exponer la piel a pequeñas cantidades

de alérgenos potenciales para ver si se produce una reacción.

- Metodología :
  - Los alérgenos se aplican generalmente en el antebrazo o la espalda del paciente utilizando una pequeña lanceta que pincha ligeramente la piel.
  - Una reacción positiva se manifiesta generalmente como picor, enrojecimiento o una elevación de la piel similar a la picadura de un mosquito.
- Tipos de pruebas cutáneas :
  - Prueba de punción :
    - Las gotas que contienen alérgenos se colocan sobre la piel, seguidas de un suave pinchazo a través de la gota.
  - Prueba intradérmica :
    - Se inyecta una pequeña cantidad de alérgeno justo debajo de la superficie de la piel.
  - Pruebas de parche :
    - Los alérgenos se aplican en parches que luego se fijan a la piel, normalmente durante 24 a 48 horas.
- Papel de la enfermera :
  - Preparación del paciente :
    - Informe al paciente sobre cómo se llevará a cabo la prueba y asegúrese de que ha evitado cualquier medicamento que pudiera interferir con la prueba, como los antihistamínicos.
  - Realización de la prueba :
    - Aplique los alérgenos con cuidado y en un orden específico, y controle la reacción del paciente durante y después de la prueba.
  - Educación y asesoramiento :

- Explicar los resultados, aconsejar sobre el tratamiento de las alergias identificadas y dar recomendaciones para evitar los alérgenos en cuestión.
- Interpretación y limitaciones:
  - Una reacción positiva indica que el paciente es probablemente alérgico al alérgeno probado.
  - Sin embargo, una reacción positiva no siempre significa que este alérgeno sea la causa de los síntomas del paciente.
  - A veces puede haber reacciones falsas positivas o falsas negativas.
  - Es crucial combinar los resultados de las pruebas cutáneas con el historial médico y otros exámenes para realizar un diagnóstico preciso.
- Precauciones de seguridad :
  - Las pruebas cutáneas suelen ser seguras, pero existe un pequeño riesgo de que se produzca una reacción alérgica grave.
  - La enfermera debe estar formada para reconocer y tratar cualquier reacción anafiláctica.

Las pruebas cutáneas son una herramienta esencial en el arsenal de diagnóstico del alergólogo. La enfermera, como eje central del proceso, garantiza que la prueba se realice correctamente, que el paciente esté bien informado y que se mantenga la seguridad en todo momento. Aunque se trata de un procedimiento rutinario, no se puede subestimar su importancia en el diagnóstico preciso de las alergias.

Espirometría y otras pruebas funcionales

La espirometría, junto con otras pruebas de la función respiratoria, es fundamental en el diagnóstico y seguimiento de las enfermedades pulmonares, en particular las asociadas a alergias respiratorias o trastornos inmunológicos. Estas pruebas evalúan la capacidad de los pulmones para inhalar y exhalar aire y son cruciales para determinar la función pulmonar de un paciente.

- Espirometría :
    - Definición:
        - La espirometría mide la cantidad (volumen) y la velocidad (flujo) del aire que un individuo puede inhalar y exhalar.
    - Indicaciones:
        - Evaluación de síntomas como la disnea, la tos crónica o las sibilancias.
        - Seguimiento de enfermedades como el asma, la enfermedad pulmonar obstructiva crónica (EPOC) y otras enfermedades pulmonares.
        - Evaluación de la reactividad bronquial.
    - Principales parámetros medidos :
        - Volumen espiratorio forzado en segundos (FEV1): volumen de aire expulsado durante el primer segundo de espiración forzada.
        - Capacidad Vital Forzada (CVF): volumen total de aire expulsado durante la espiración forzada.
        - La relación FEV1/FVC, que, si está reducida, puede indicar obstrucción.

- Otras pruebas funcionales :
  - Prueba de provocación bronquial :
    - Evaluación de la reactividad de las vías respiratorias a diferentes estímulos (como la metacolina).
  - Medición del flujo espiratorio máximo (FEM) :
    - Medición de la frecuencia máxima de exhalación. Útil para controlar el asma a diario.
  - Pletismografía corporal :
    - Medición de la capacidad pulmonar total y del volumen residual.
- Papel   de la enfermera :
  - Preparación del paciente :
    - Explique el proceso, asegúrese de que el paciente ha evitado cualquier medicación que pudiera interferir con la prueba y compruebe que no ha sufrido un ataque de asma reciente.
  - Realización de la prueba :
    - Siente al paciente, muéstrele cómo utilizar el aparato, guíele durante la prueba y asegúrese de que las maniobras se realizan correctamente.
  - Interpretación y asesoramiento :
    - Lea y registre los resultados, coméntelos con el médico, eduque al paciente sobre el significado de los resultados y los pasos a seguir.
- Precauciones y limitaciones :
  - Las pruebas deben realizarse según protocolos estrictos para garantizar su validez.
  - Los pacientes deben ser capaces de realizar las maniobras correctamente, lo que puede resultar difícil para determinados grupos de edad o afecciones médicas.
  - Las pruebas pueden provocar síntomas en pacientes con enfermedades respiratorias, por

eso es tan importante disponer de medicación de rescate.

La espirometría y otras pruebas funcionales son herramientas esenciales para evaluar la función pulmonar. El papel de la enfermera es crucial, no sólo en la realización de las pruebas, sino también en la educación y el apoyo al paciente. Realizadas correctamente, estas pruebas proporcionan información valiosa para orientar el diagnóstico, el tratamiento y el seguimiento de los trastornos pulmonares.

Pruebas biológicas

En el mundo de la alergología y la inmunología, las pruebas biológicas desempeñan un papel fundamental. Permiten analizar y comprender los mecanismos inmunológicos subyacentes, realizar diagnósticos precisos, seguir la evolución de las patologías y orientar el tratamiento. Las enfermeras, que están en el centro de este proceso, son a menudo las primeras en entrar en contacto con los pacientes, recoger las muestras necesarias y educarles sobre la importancia de estas pruebas.

- Muestras de sangre :
    - Prueba de alergia :
        - Ensayos de IgE total y específica: para detectar la sensibilización a alérgenos específicos.
    - Inmunoensayo :
        - Inmunofenotipado: para analizar las diferentes subpoblaciones de células inmunitarias.
        - Medición de inmunoglobulinas (IgA, IgG, IgM, etc.): para evaluar la respuesta inmunitaria humoral.

- Otros análisis :
  - Hemograma completo, velocidad de sedimentación, proteína C reactiva (PCR): para evaluar la inflamación u otras reacciones del sistema inmunitario.
- Análisis de orina :
  - Análisis de orina: se utiliza para detectar anomalías renales, a menudo asociadas a ciertas enfermedades autoinmunes.
- Pruebas cutáneas y biopsia :
  - Biopsia cutánea: en caso de lesiones cutáneas, para determinar su origen (alérgico, autoinmune, otro).
- Otras muestras :
  - Punción de médula ósea, toma de muestras de líquido cefalorraquídeo, biopsias de otros órganos: según indicación clínica.
- Papel de la enfermera :
  - Domiciliación bancaria :
    - Tomar muestras de sangre, guiar y tranquilizar a los pacientes, asegurarse de que las muestras se almacenan correctamente y se envían al laboratorio.
  - Educación :
    - Informe al paciente sobre la naturaleza y la finalidad de cada prueba, los resultados esperados y el procedimiento de toma de muestras.
    - Aconseje al paciente sobre las precauciones que debe tomar antes de la toma de la muestra (ayuno, medicación que debe evitar, etc.).
  - Seguimiento:
    - Informe al paciente cuando reciba los resultados y remítalos al médico para su interpretación y discusión.

- Interpretación y limitaciones:
  - Todos los resultados deben interpretarse en conjunción con los síntomas clínicos, la historia clínica y otras investigaciones.
  - Los resultados anormales no significan necesariamente enfermedad; a menudo requieren más pruebas.
  - Los resultados pueden verse influidos por muchos factores, como la medicación, la edad y otras afecciones médicas.

Las pruebas biológicas son herramientas esenciales en alergología e inmunología. Su diversidad y especificidad proporcionan una ventana única a los mecanismos internos del organismo. La enfermera, como vínculo esencial entre el paciente y el laboratorio, desempeña un papel fundamental en la realización, educación y seguimiento de estas pruebas, garantizando así la mejor atención posible al paciente.

Capítulo 5

LA RUTINA DIARIA DE UNA ENFERMERA EN ALERGOLOGÍA E INMUNOLOGÍA

Preparar a los pacientes para las pruebas

La preparación adecuada de los pacientes para las pruebas alergológicas e inmunológicas es crucial para garantizar unos resultados precisos y fiables. La enfermera suele ser el primer punto de contacto para el paciente y desempeña un papel vital a la hora de asegurarse de que el paciente comprende la importancia de la preparación, así como los pasos específicos que debe seguir.

- Información y educación del paciente :
    - Comprender la prueba :
    - Explique al paciente la naturaleza de la prueba, su finalidad y lo que puede revelar.
    - Responder a las preocupaciones :
    - Responda a las preguntas, disipe los temores y ofrezca consejos prácticos.
    - Instrucciones específicas :
    - Proporcione instrucciones claras sobre lo que el paciente debe hacer o evitar antes de la prueba.
- Preparación para la toma de muestras de sangre :
    - **Ayuno**: Algunas pruebas requieren un ayuno de 8 a 12 horas.
    - **Medicación**: Informe al paciente de cualquier medicamento que pueda interferir con los resultados y coméntele la posibilidad de suspenderlo temporalmente.
    - **Estado emocional y físico**: El estrés o el esfuerzo intenso pueden afectar a determinados resultados. Aconseje al paciente que se relaje y evite esfuerzos físicos intensos antes de la prueba.
- Preparación para las pruebas cutáneas :
    - **Antihistamínicos**: Estos medicamentos pueden distorsionar los resultados y a menudo

deben suspenderse varios días antes de la prueba.

- **Cremas y lociones**: Evite aplicar productos tópicos en la zona de la prueba.
- **Estado de la piel**: La piel debe estar en buen estado, sin erupciones ni lesiones activas.
- Preparación para la espirometría :
  - **Broncodilatadores**: Pueden suspenderse antes de la prueba, según consejo médico.
  - **Tabaquismo**: Evite fumar al menos 6 horas antes de la prueba.
  - **Esfuerzo físico**: Evite el ejercicio extenuante antes de la prueba.
  - **Comida copiosa**: Evite ingerir una comida copiosa antes de la prueba para no restringir la capacidad pulmonar.
- Preparación para otras pruebas funcionales :
  - Proporcione directrices específicas para cada prueba, incluyendo restricciones dietéticas, medicamentos que deben evitarse y preparaciones físicas especiales.
- Recordatorios y seguimiento :
  - **Recordatorios**: Envíe recordatorios por teléfono, SMS o correo electrónico para asegurarse de que el paciente recuerda la fecha de la prueba y las instrucciones de preparación.
  - **Día de la prueba**: Antes de que comience la prueba, repase brevemente las instrucciones con el paciente y asegúrese de que se han seguido correctamente.
  - **Después de la prueba**: Informe al paciente sobre lo que ocurrirá a continuación, como por ejemplo cuándo puede esperar recibir los resultados.

La preparación del paciente es un paso esencial para garantizar unos resultados fiables y precisos de las pruebas en alergología e inmunología. La enfermera, con su enfoque centrado en el paciente y sus habilidades de educación y comunicación, está en una posición ideal para guiar al paciente a través de este proceso.

Administración tratamientos específicos

Una de las tareas fundamentales de la enfermera de alergología e inmunología es administrar tratamientos específicos. Estos tratamientos, a menudo complejos, requieren conocimientos especiales, una vigilancia constante y una excelente comunicación con el paciente para garantizar su seguridad y eficacia.

- Comprender los tratamientos :
  - **Naturaleza de los medicamentos** : Conocimiento profundo de los medicamentos administrados, sus mecanismos de acción, sus beneficios y sus posibles efectos secundarios.
  - **Protocolos específicos**: familiaridad con los protocolos de administración en cuanto a dosis, vía de administración y frecuencia.
- Tratamientos inmunomoduladores :
  - Inmunoterapia con alérgenos (desensibilización) :
    - Preparar y administrar las dosis.
    - Vigile al paciente durante y después de la inyección para detectar posibles reacciones.
    - Educación del paciente sobre la duración del tratamiento y la importancia de la adherencia.

60

- Bioterapias :
  - Administración de fármacos biológicos, como los anticuerpos monoclonales.
  - Vigilar los posibles efectos secundarios y educar a los pacientes sobre lo que deben tener en cuenta.
- Tratamientos de las enfermedades autoinmunes :
  - Inmunosupresores :
    - Administración de fármacos que reducen la actividad del sistema inmunitario.
    - Educación sobre cómo controlar los efectos secundarios y la importancia de seguir las recomendaciones médicas.
  - Terapia con corticosteroides :
    - Administración de corticosteroides, con especial atención a la dosis y la duración del tratamiento.
    - Conciencie al paciente de los efectos secundarios y de la necesidad de no interrumpir el tratamiento bruscamente.
- Administración intravenosa :
  - Inmunoglobulina intravenosa (IGIV) :
  - Preparación y administración de acuerdo con los protocolos establecidos.
  - Vigilancia de posibles reacciones durante la infusión.
- Educación y seguimiento :
  - Instrucciones claras :
    - Proporcione al paciente instrucciones claras sobre la toma de la medicación, el control de los efectos secundarios y la gestión de cualquier reacción.
  - Adherencia al tratamiento :
    - Promueva la importancia de seguir el tratamiento tal y como se le ha prescrito

61

y discuta las posibles barreras a la adherencia.

- Sugiera estrategias para ayudar a los pacientes a integrar el tratamiento en su rutina diaria.

- Comunicación con el equipo médico :

  - Trabajar en estrecha colaboración con médicos, farmacéuticos y otros profesionales sanitarios para garantizar que el paciente recibe el tratamiento óptimo y que cualquier preocupación o complicación se aborda con prontitud.

La administración de tratamientos específicos en alergología e inmunología es un área en la que la enfermera desempeña un papel crucial. Es profesional, educadora y defensora del paciente, y se asegura de que cada persona reciba los cuidados más seguros y eficaces posibles.

Educación terapéutica del paciente

La educación terapéutica es el núcleo de la atención alergológica e inmunológica. Su objetivo es dar a los pacientes voz y voto en su propia salud, proporcionarles las herramientas que necesitan para comprender su enfermedad y su tratamiento, y apoyarles en la gestión diaria de su afección. La enfermera, gracias a su proximidad al paciente y a su capacidad de comunicación, suele estar al frente de esta misión.

- Comprender la importancia de la educación terapéutica :

  - **Autonomía del paciente**: El objetivo es permitir a los pacientes tomar decisiones informadas sobre su salud.

- **Mejor adherencia al tratamiento**: Un paciente bien informado suele estar más inclinado a seguir correctamente su tratamiento.
- Evaluación de las necesidades educativas :
  - **Evaluación inicial**: Identifique los conocimientos, creencias y actitudes preexistentes del paciente hacia la enfermedad y el tratamiento.
  - **Fijar objetivos**: Establecer objetivos de aprendizaje adaptados a cada paciente.
- Herramientas y métodos de enseñanza :
  - **Material escrito**: folletos, hojas informativas, diarios de seguimiento.
  - **Talleres y sesiones interactivas**: grupos de debate, talleres prácticos, demostraciones.
  - **Tecnologías digitales**: aplicaciones, vídeos educativos, plataformas en línea.
- Enseñar sobre la enfermedad :
  - **Comprensión de la enfermedad**: explicación de los mecanismos subyacentes, los síntomas y el pronóstico.
  - **Reconocer los signos y síntomas**: enseñar a los pacientes a identificar los signos de una exacerbación o reacción alérgica.
- Gestión del tratamiento :
  - **Conocimiento de los medicamentos**: Explicación de los diferentes tratamientos, sus modos de acción, sus beneficios y sus posibles efectos secundarios.
  - **Administración del tratamiento**: Demostración y formación en la correcta administración de la medicación (por ejemplo, uso de un inhalador).

- Adopción de comportamientos favorables :
  - **Evitación de alérgenos**: Consejos sobre cómo evitar los alérgenos específicos de cada paciente.
  - **Hábitos de vida saludables**: Animación a adoptar un estilo de vida saludable para mejorar la salud general y reforzar el sistema inmunológico.
- Gestión de emergencias :
  - **Plan de acción personalizado**: Elaboración de un plan para gestionar los ataques alérgicos o las exacerbaciones, incluido el uso de un autoinyector de epinefrina.
  - **Reconocer los signos de una emergencia**: Enseñar a los pacientes a reconocer cuándo necesitan buscar ayuda médica inmediata.
- Evaluación y seguimiento :
  - **Reevaluación periódica**: Compruebe regularmente los conocimientos del paciente, ajuste los objetivos educativos si es necesario.
  - **Retroalimentación**: animar a los pacientes a compartir sus experiencias, retos y éxitos.

La educación terapéutica es un proceso continuo y de colaboración. La enfermera de alergología e inmunología desempeña un papel esencial a la hora de garantizar que el paciente esté informado, apoyado y confíe en el tratamiento de su enfermedad, mejorando así tanto su calidad de vida como los resultados terapéuticos.

Situaciones de emergencia: Anafilaxia y otros

El manejo de las emergencias es un aspecto crucial del papel de la enfermera de alergología e inmunología. Estas situaciones requieren una intervención rápida, eficaz y adecuada para garantizar la seguridad del paciente. La anafilaxia, en particular, es una emergencia médica importante que todos los profesionales sanitarios deben ser capaces de reconocer y tratar sin demora.

- Reconocer situaciones de emergencia :
  - **Síntomas de anafilaxia**: Dificultad para respirar, hinchazón de la cara o la garganta, erupción cutánea, descenso de la tensión arterial, alteración de la consciencia.
  - **Otras emergencias alérgicas**: asma grave, urticaria gigante, angioedema sin anafilaxia.
- Intervención en caso de anafilaxia :
  - **Evaluación rápida**: Evalúe rápidamente el estado del paciente para determinar la gravedad de la reacción.
  - **Llame a los servicios de emergencia**: En casos graves, póngase en contacto con los servicios de emergencia inmediatamente.
  - **Administración de epinefrina**: Utilice un autoinyector de epinefrina tal como se lo recomiende y prescriba su médico.
  - **Posición del paciente**: Si el paciente está consciente, colóquelo en posición semisentada; si está inconsciente, colóquelo en posición lateral de seguridad.
  - **Monitorización continua**: Vigile de cerca al paciente hasta que llegue la ayuda, especialmente la respiración, el pulso y la tensión arterial.
- Otras intervenciones de emergencia :
  - **Asma grave**: Administración de broncodilatadores, oxigenación si es necesario, evaluación continua de las vías respiratorias.

- **Angioedema**: Control de la función respiratoria, administración de antihistamínicos o corticosteroides según prescripción.
- Preparación y prevención :
  - **Formación regular**: Garantizar una formación continua para mantenerse al día de los protocolos de emergencia y las mejores prácticas.
  - **Equipo disponible**: Tenga siempre a mano un autoinyector de epinefrina, oxígeno, broncodilatadores y un kit de emergencia completo.
  - **Educación del paciente**: Enseñar a los pacientes y a sus familias a reconocer los signos de una reacción alérgica grave y cómo intervenir.
- Después de la emergencia :
  - **Evaluación**: Una vez estabilizada la situación, evalúe las causas de la reacción y discuta las medidas preventivas.
  - **Seguimiento médico**: derivación del paciente a un especialista para un seguimiento en profundidad y la aplicación de un plan de acción personalizado.
  - **Debriefing**: Analizar la situación con el equipo médico para identificar los puntos fuertes y las posibles mejoras a introducir en términos de intervención.

Ante una situación de emergencia en alergología e inmunología, la enfermera debe demostrar un alto nivel de capacidad de respuesta y habilidades técnicas, además de proporcionar apoyo psicológico al paciente y a su familia. Una preparación adecuada y una formación regular son esenciales para garantizar unos cuidados óptimos en estos momentos críticos.

Capítulo 6:

PREVENCIÓN EN ALERGOLOGÍA E INMUNOLOGÍA

La importancia de la prevención de alergias

Las alergias se han convertido en un importante problema de salud pública en muchos países, debido a su creciente incidencia y a su potencial impacto en la calidad de vida. Por ello, la prevención desempeña un papel central en la estrategia de gestión de este problema. Es un componente esencial que todos los profesionales sanitarios, y las enfermeras de alergología en particular, deben incorporar a su práctica.

- Comprender la epidemiología de las alergias :
  - **Prevalencia creciente** : Tendencias de los casos de alergia a lo largo del tiempo y en diferentes poblaciones.
  - **Factores de riesgo**: Genética, medio ambiente, estilo de vida y otros factores determinantes.
- Prevención primaria: evitar la sensibilización :
  - **Factores medioambientales**: la importancia de la calidad del aire y la exposición a alérgenos (polen, ácaros del polvo doméstico, moho, animales, etc.).
  - **Nutrición**: el papel de la lactancia materna, la introducción de alérgenos alimentarios en los lactantes, la dieta.
  - **Estilo de vida**: Encontrar el equilibrio entre la higiene necesaria y una sobreprotección que podría ser contraproducente.
- Prevención secundaria: limitar la progresión de la enfermedad :
  - **Detección precoz**: La importancia de la detección precoz para una mejor gestión y para evitar complicaciones.

- **Evitación de alérgenos**: estrategias de evitación, distribución del hogar, elección de materiales, consejos para limitar la exposición.
- **Tratamiento preventivo**: El uso de medicamentos o vacunas para prevenir los síntomas o las exacerbaciones.
- Prevención terciaria: evitar las complicaciones :
  - **Educación terapéutica**: entrenar a los pacientes para que gestionen su enfermedad, reconozcan los signos de exacerbación y actúen en consecuencia.
  - **Seguimiento regular**: Seguimiento médico regular para adaptar el tratamiento y prevenir complicaciones.
  - **Gestión de comorbilidades**: Gestión de otras afecciones asociadas a la alergia (asma, dermatitis atópica, etc.).
- Promoción de la salud y sensibilización :
  - **Campañas de sensibilización**: Informar al público en general sobre las alergias, sus consecuencias y cómo prevenirlas.
  - **Formación continua**: Garantizar que los profesionales sanitarios se mantienen al día de los últimos avances en materia de prevención de alergias.
- Colaboración interdisciplinar :
  - **Trabajo en red**: Promover un enfoque de colaboración con otros profesionales (médicos de cabecera, neumólogos, dermatólogos, nutricionistas, etc.).
  - **Intercambiar las mejores prácticas**: animar a los profesionales a compartir experiencias y estrategias preventivas.

La prevención es la clave para reducir el impacto de las alergias en los individuos y en la sociedad en su conjunto. Como profesionales sanitarios de primera línea, las enfermeras especializadas en alergias tienen un papel fundamental que desempeñar en la aplicación de estrategias preventivas, tanto a nivel individual con sus pacientes como a nivel colectivo a través de su participación en iniciativas de concienciación y educación.

Vacunas:
papel, protocolos y precauciones para pacientes inmunocomprometidos

La vacunación es una de las intervenciones de salud pública más eficaces, ya que previene un gran número de enfermedades infecciosas. Sin embargo, vacunar a pacientes inmunocomprometidos plantea una serie de retos, ya que sus sistemas inmunitarios debilitados pueden no responder con la misma eficacia a la vacuna o presentar un mayor riesgo de complicaciones. Las enfermeras desempeñan un papel clave en la gestión, administración y educación de estos pacientes sobre la vacunación.

- Comprender la inmunodepresión :
    - **Definición y causas**: Naturaleza de la inmunodepresión, ya sea debida a la enfermedad, al tratamiento o a otros factores.
    - **Implicaciones para la vacunación**: entender por qué las respuestas a las vacunas pueden estar alteradas en estos pacientes.

- El papel de la vacunación en pacientes inmunocomprometidos :
    - **Protección reforzada**: A pesar de las respuestas potencialmente atenuadas, la vacunación ofrece a menudo una protección

crucial contra la infección para estos pacientes vulnerables.

- **Inmunidad de rebaño**: Proteger a estos pacientes indirectamente vacunando a su familia y a la comunidad.
- Tipos de vacunas y sus indicaciones :
  - **Vacunas vivas atenuadas:** Generalmente se evitan en pacientes inmunocomprometidos debido al riesgo potencial de infección.
  - **Vacunas inactivadas o de subunidades**: Más seguras para los pacientes inmunodeprimidos y generalmente recomendadas, aunque la respuesta inmunitaria puede verse reducida.
- Protocolos de vacunación :
  - **Evaluación inicial**: Evalúe el estado de inmunización, el tipo y grado de inmunosupresión y el riesgo de exposición a agentes infecciosos.
  - **Planificación**: Elabore un calendario de vacunación adecuado, teniendo en cuenta las recomendaciones para pacientes inmunodeprimidos.
  - **Seguimiento**: Compruebe la eficacia de la vacunación con pruebas serológicas si es necesario, y considere la posibilidad de administrar dosis de refuerzo.
- Precauciones especiales :
  - **Evite las vacunas vivas**: Con ciertas excepciones o en situaciones especiales.
  - **Seguimiento posvacunación**: Vigile de cerca a los pacientes para detectar reacciones adversas o signos de infección.
  - **Comunicación**: Informe al paciente de los beneficios y riesgos, y explíquele la importancia de notificar cualquier síntoma inusual tras la vacunación.

- Educación y sensibilización :
  - **Información**: Proporcione información clara sobre las vacunas, su importancia, sus posibles efectos secundarios y las precauciones que deben tomarse.
  - **Implicación del paciente**: Anime a los pacientes a asumir un papel activo en su salud, a hacer preguntas y a cumplir el calendario de vacunación.
  - **Apoyo**: Ofrezca apoyo emocional, especialmente cuando el paciente esté preocupado o tenga dudas sobre la vacunación.

Los pacientes inmunocomprometidos presentan retos únicos en lo que respecta a la vacunación. Sus cuidados requieren un conocimiento profundo de los principios inmunológicos, una comunicación eficaz y atención a los detalles. La enfermera, en estrecha colaboración con el médico tratante, es un pilar esencial para garantizar que estos pacientes reciban las vacunas adecuadas de forma segura y eficaz.

Consejos
para evitar la exposición alergénica

Los alérgenos, omnipresentes en nuestro entorno, pueden desencadenar diversas reacciones en las personas sensibles. Es esencial que los alérgicos sepan cómo minimizar la exposición a estas sustancias para reducir el riesgo de síntomas y exacerbaciones. He aquí algunos consejos prácticos, desglosados según los distintos entornos y situaciones, que las enfermeras alergólogas pueden transmitir a sus pacientes.

- En casa :
  - **Ácaros del polvo**: Utilice fundas antiácaros para colchones, almohadas y edredones. Lave la ropa de cama regularmente a alta temperatura. Mantenga una humedad baja con deshumidificadores si es necesario.
  - **Mascotas**: Si es alérgico, evite adoptar animales peludos o con plumas. Si ya tiene uno, manténgalo fuera de su dormitorio y lávelo con regularidad. Recuerde pasar la aspiradora con frecuencia.
  - **Polen**: Mantenga las ventanas cerradas durante los picos de polen, utilice el aire acondicionado en modo "recirculación". Aclárese el pelo por la noche para eliminar el polen.
  - **Moho**: Asegure una buena ventilación, repare rápidamente las fugas y utilice deshumidificadores en las zonas húmedas.
- Exterior :
  - **Polen**: Evite las actividades al aire libre durante los picos de polen, lleve gafas de sol para protegerse los ojos y consulte regularmente la previsión de polen.
  - **Picaduras de insectos**: Lleve ropa que le cubra, evite los perfumes y utilice repelentes si se encuentra en una zona de alto riesgo.
- En el trabajo :
  - **Alérgenos comunes** : Informe a su empleador sobre sus alergias. Si es posible, adapte su entorno (por ejemplo, manténgase alejado de las impresoras láser si es alérgico a las partículas que emiten).
  - **Protección personal**: Utilice mascarillas, guantes u otros equipos de protección si se expone a alérgenos específicos en el transcurso de su trabajo.

- Fuente de alimentación :
  - **Etiquetado**: Lea siempre las etiquetas de los alimentos para identificar la presencia de alérgenos.
  - **Restaurantes**: Informe siempre al personal sobre sus alergias. Elija lugares acostumbrados a tratar con alergias alimentarias.
- Viajes :
  - **Preparación**: Lleve consigo su medicación antialérgica, infórmese sobre los alérgenos comunes en su destino y considere la posibilidad de llevar una pulsera de alerta médica.
  - **Alojamiento**: Si es posible, elija hoteles o alojamientos con habitaciones hipoalergénicas.
- Educación y sensibilización :
  - **Aprenda a reconocer**: Familiarícese con los alérgenos comunes y sus fuentes. Esto le ayudará a evitarlos con mayor eficacia.
  - **Plan de acción**: Junto con su médico o enfermera, elabore un plan de acción contra la alergia en el que se detallen los pasos a seguir en caso de exposición o reacción.

La prevención de la exposición alergénica depende tanto de la modificación del entorno como de la educación del paciente. Un paciente informado y proactivo puede reducir en gran medida el riesgo de exposición y, en consecuencia, mejorar su calidad de vida.

Programas de sensibilización para el público en general

Concienciar a la población es crucial para prevenir las enfermedades alérgicas, mejorar su tratamiento y reducir las complicaciones asociadas a ellas. Cuanto más informada esté la gente, más medidas podrá tomar para evitar los alérgenos, reconocer los síntomas de una reacción alérgica y saber cómo intervenir en caso de emergencia. He aquí una presentación detallada de los programas de concienciación para el público en general, su importancia y sus componentes clave.

- Objetivos de los programas de sensibilización :
    - **Educar**: Proporcionar al público información precisa y actualizada sobre las alergias, sus causas, síntomas y tratamientos.
    - **Prevenir**: Reducir la incidencia de nuevas alergias y minimizar las complicaciones de las alergias existentes.
    - **Apoyo**: Ofrecer apoyo a los alérgicos y a sus familias.
    - **Promover** : Fomentar las buenas prácticas en la gestión de las alergias, ya sea en casa, en la escuela, en el trabajo o en otros contextos.
- Tipos de programas :
    - **Talleres educativos**: Organizados en escuelas, centros comunitarios y otros espacios públicos para enseñar a la gente a reconocer y gestionar las alergias.
    - **Campañas en los medios de comunicación**: Uso de la televisión, la radio, la prensa y los medios sociales para difundir mensajes clave sobre la alergia.
    - **Jornadas de sensibilización**: actos anuales o puntuales, como el Día Mundial de la Alergia, para destacar determinados aspectos de las alergias.
    - **Programas escolares**: Integrar la educación sobre alergias en el programa escolar, enseñar a los niños los conceptos básicos de las alergias.

- Componentes clave :
  - **Material educativo**: folletos, vídeos, carteles y páginas web que ofrezcan información fiable sobre las alergias.
  - **Cursos de formación**: Para profesores, empresarios y otros profesionales, para ayudarles a comprender y gestionar las alergias en su contexto.
  - **Testimonios**: relatos personales de personas que viven con alergias para humanizar el problema y fomentar la empatía.
  - **Programas de tutoría**: Poner en contacto a personas recién diagnosticadas con personas que llevan mucho tiempo viviendo con alergias para ofrecerles apoyo y asesoramiento.
- Evaluación y mejora :
  - **Seguimiento y evaluación**: Recopilación de datos sobre la eficacia de los programas para garantizar que alcanzan sus objetivos.
  - **Actualizaciones**: Revise regularmente el contenido del programa para asegurarse de que está al día con las últimas investigaciones y recomendaciones.
  - **Feedback**: Recoger los comentarios del público y de los participantes para mejorar continuamente los programas.

- Colaboración :
  - **Asociaciones**: Trabajar con otras organizaciones, profesionales sanitarios, educadores y responsables de la toma de decisiones para ampliar el alcance y el impacto de los programas.
  - **Trabajo en red**: Crear y mantener redes con otras organizaciones de sensibilización para compartir recursos, ideas y buenas prácticas.

Los programas de concienciación sobre la alergia son esenciales para informar al público en general, prevenir complicaciones y apoyar a los afectados. Al combinar educación, prevención y apoyo, estos programas pueden desempeñar un papel fundamental en la mejora de la salud pública y la calidad de vida de los alérgicos.

Capítulo 7

PROCEDIMIENTOS TERAPÉUTICOS

Inmunoterapia con alérgenos

La inmunoterapia con alérgenos, a menudo llamada "desensibilización", es un enfoque terapéutico destinado a modificar la respuesta inmunológica del organismo a un alérgeno específico, reduciendo gradualmente su sensibilidad. Es una de las pocas intervenciones que aborda no sólo los síntomas de las alergias, sino también la causa subyacente. He aquí una exploración detallada de este enfoque, sus mecanismos, indicaciones y aplicación en la práctica médica.

- **Principio básico** :
  El objetivo de la inmunoterapia es acostumbrar gradualmente al sistema inmunológico a un alérgeno específico, administrando regularmente dosis crecientes del alérgeno hasta alcanzar una dosis de mantenimiento. Esto conduce a una reducción de los síntomas alérgicos en exposiciones posteriores al alérgeno.
- Mecanismos de acción :
  - **Modificación de la respuesta inmunitaria**: La inmunoterapia fomenta la producción de inmunoglobulina G (IgG) específica, que se une al alérgeno antes de que pueda desencadenar una reacción alérgica.
  - **Menor producción de histamina**: Al reducir la sensibilidad a los alérgenos, el organismo libera menos histamina, una molécula implicada en muchos síntomas alérgicos.
  - **Regulación de las células T**: La inmunoterapia modifica la respuesta de las células T, reduciendo así la inflamación alérgica.
- **Indicaciones** :
  La inmunoterapia se recomienda principalmente para :

- Alergias al polen.
- Alergias a los ácaros del polvo.
- Alergias a venenos de insectos.
- Ciertas formas de asma alérgica.
- En general, no se utiliza para las alergias alimentarias, salvo en algunos casos específicos.
- Métodos de administración :
  - **Subcutánea (SCIT)**: El alérgeno se inyecta bajo la piel, normalmente en el brazo. Se trata del método más antiguo y común.
  - **Sublingual (SLIT)**: El alérgeno se administra en forma de gotas o comprimidos que se colocan bajo la lengua. Este método es cada vez más popular debido a la facilidad con la que puede administrarse en casa.
- **Duración y frecuencia**:
  El tratamiento suele comenzar con una fase de escalada, en la que se aumenta la dosis con regularidad. Una vez alcanzada la dosis de mantenimiento, se administra regularmente, a menudo durante 3 a 5 años.
- **Eficacia y beneficios** :
  La inmunoterapia puede reducir significativamente los síntomas alérgicos, disminuir la necesidad de medicación y mejorar la calidad de vida. Para algunos pacientes, los beneficios pueden persistir incluso después de finalizar el tratamiento.
- **Efectos secundarios**:
  Aunque son frecuentes las reacciones locales como el enrojecimiento o la hinchazón en el lugar de la inyección, pueden producirse reacciones sistémicas más graves, aunque son poco frecuentes. La monitorización tras la administración, especialmente durante las primeras dosis, es esencial.
- **Contraindicaciones y precauciones**:
  La inmunoterapia no está recomendada para personas que padezcan ciertas enfermedades

cardiacas o trastornos inmunológicos, ni para mujeres embarazadas, a menos que el consejo médico indique lo contrario.

La inmunoterapia con alérgenos es un enfoque potente y transformador para muchos alérgicos. Sin embargo, una evaluación cuidadosa por parte de un alergólogo es esencial para determinar la idoneidad del tratamiento, así como para garantizar su administración segura.

Tratamientos biológicos en inmunología

Los recientes avances en biotecnología han allanado el camino a una nueva generación de tratamientos médicos: los tratamientos biológicos. En inmunología, estos tratamientos están teniendo un impacto considerable, ofreciendo alternativas terapéuticas prometedoras para enfermedades que antes eran difíciles de tratar. Los tratamientos biológicos se distinguen por su origen (a menudo derivados de células vivas) y su mecanismo de acción dirigido. Averigüemos más sobre esta revolución en inmunología.

- **Definición de tratamientos biológicos**:
  A diferencia de los medicamentos tradicionales, que se sintetizan químicamente, los tratamientos biológicos se producen a partir de células vivas. Estos medicamentos se dirigen específicamente a determinadas partes del sistema inmunitario, modulando su respuesta.

- Mecanismos de acción :
  - **Anticuerpos monoclonales**: Estas moléculas imitan a los anticuerpos naturales producidos por el sistema inmunitario, pero

están diseñadas para dirigirse específicamente a determinadas células o proteínas.

- **Inhibidores**: Estos tratamientos bloquean proteínas específicas que desempeñan un papel en la inflamación o en la respuesta inmunitaria.

- **Modificadores de la respuesta inmunitaria**: Estos agentes ajustan la actividad del sistema inmunitario, ya sea estimulándolo o reduciéndolo.

- Aplicaciones en inmunología :

  - **Enfermedades autoinmunes**: como la artritis reumatoide, la psoriasis o la espondilitis anquilosante. Los tratamientos biológicos pueden dirigirse a citoquinas o células inmunitarias específicas para reducir la inflamación y la progresión de la enfermedad.

  - **Inmunodeficiencia**: Pueden utilizarse determinados tratamientos biológicos para estimular o reforzar el sistema inmunitario.

  - **Enfermedades alérgicas**: Los productos biológicos pueden dirigirse a las citocinas u otras moléculas implicadas en las respuestas alérgicas.

- Ventajas :

  - **Precisión**: Los tratamientos biológicos están diseñados para dirigirse específicamente a componentes concretos del sistema inmunitario, lo que puede reducir los efectos secundarios.

  - **Eficacia**: Para muchos pacientes, los productos biológicos ofrecen alivio cuando otros tratamientos han fracasado.

  - **Nuevas esperanzas**: Estos tratamientos abren la puerta a terapias para enfermedades que antes se consideraban intratables.

- **Precauciones y efectos secundarios:**
  Aunque los biológicos ofrecen muchos beneficios, también pueden presentar riesgos. Los efectos secundarios pueden incluir infecciones, reacciones en el lugar de la inyección y, en raras ocasiones, enfermedades graves como la tuberculosis o el cáncer. Es esencial un seguimiento regular.
- **El futuro de los tratamientos biológicos:**
  Con la investigación en curso y el desarrollo de nuevas tecnologías, el futuro de los tratamientos biológicos en inmunología es prometedor. Constantemente se estudian nuevos fármacos y nuevas aplicaciones, que ofrecen la esperanza de una mejor calidad de vida para muchos pacientes.

Los tratamientos biológicos representan un gran avance en inmunología, transformando el panorama terapéutico y ofreciendo nuevas opciones a los pacientes. Como ocurre con cualquier intervención médica, es esencial una evaluación cuidadosa de los beneficios y los riesgos para garantizar el uso seguro y eficaz de estas poderosas herramientas.

Tratamiento
los efectos secundarios del tratamiento

Cuando se trata de tratar afecciones alérgicas e inmunológicas, el objetivo principal es aliviar los síntomas de los pacientes y mejorar su calidad de vida. Sin embargo, como ocurre con la mayoría de los tratamientos médicos, puede haber efectos secundarios. La gestión eficaz de estos efectos es esencial para garantizar el bienestar del paciente a lo largo del tratamiento.

- Reconocimiento y documentación :
  - **Seguimiento regular**: Las enfermeras deben evaluar regularmente a las pacientes para detectar cualquier nuevo síntoma o cambio en su salud que pudiera estar relacionado con el tratamiento.
  - **Diario de síntomas**: Animar a los pacientes a llevar un diario detallado de sus síntomas puede ayudar a identificar los efectos secundarios y ajustar el tratamiento en consecuencia.
- Educación del paciente :
  - **Información sobre los posibles efectos secundarios**: Antes de iniciar el tratamiento, es esencial informar al paciente de los posibles efectos secundarios y de lo que puede esperar.
  - **Autocontrol**: Enseñar a los pacientes a reconocer los signos y síntomas de los efectos secundarios más comunes y a saber cuándo consultar a un profesional sanitario.
- Tratamiento sintomático :
  - **Tratamientos complementarios**: En algunos casos, pueden recetarse fármacos adicionales para controlar específicamente los efectos secundarios, como antieméticos para las náuseas.
  - **Terapias no farmacológicas**: Enfoques como la fisioterapia, la relajación o la dietética pueden ayudar a controlar ciertos efectos secundarios.
- Ajuste del tratamiento :
  - **Modificación de las dosis**: Si los efectos secundarios son moderados, puede ser posible reducir la dosis del fármaco manteniendo su eficacia.
  - **Cambio de tratamiento** : En situaciones en las que los efectos secundarios sean graves o

intolerables, puede ser necesario considerar otras opciones de tratamiento.

- Apoyo psicológico :
  - **Controlar la ansiedad y el estrés**: El miedo a los efectos secundarios puede ser una fuente de ansiedad para muchos pacientes. Ofrecer un oído atento, apoyo y recursos, como grupos de apoyo, puede ser beneficioso.
  - **Apoyo en la toma de decisiones**: las enfermeras pueden desempeñar un papel esencial a la hora de discutir las ventajas y desventajas de cada tratamiento con los pacientes, ayudándoles a tomar decisiones con conocimiento de causa.
- Comunicación con el equipo asistencial :
  - **Informes regulares**: Las enfermeras deben informar regularmente al equipo asistencial del estado del paciente y de cualquier efecto secundario observado.
  - **Colaboración multidisciplinar**: Trabajar en estrecha colaboración con otros profesionales sanitarios (médicos, farmacéuticos, nutricionistas) significa que los efectos secundarios pueden tratarse de forma holística.

Aunque los efectos secundarios de los tratamientos alergológicos e inmunológicos pueden ser a veces inevitables, una gestión adecuada puede mejorar en gran medida el bienestar del paciente. Las enfermeras desempeñan un papel crucial en esta gestión, actuando como educadoras, defensoras y cuidadoras de sus pacientes.

Avances recientes
en términos de tratamiento

La alergología y la inmunología son campos médicos dinámicos, enriquecidos constantemente por nuevos descubrimientos científicos y avances tecnológicos. Estos avances están revolucionando nuestra forma de abordar, diagnosticar y tratar las alergias y los trastornos inmunológicos. Echemos un vistazo a algunos de los avances recientes más significativos en este campo.

- **Terapias dirigidas:**
  Gracias a una mejor comprensión de los mecanismos moleculares subyacentes de las enfermedades alérgicas e inmunitarias, se han desarrollado terapias dirigidas. Estos tratamientos están diseñados para actuar sobre vías específicas implicadas en la enfermedad, minimizando así los efectos secundarios.
  - **Anticuerpos monoclonales**: Se utilizan para dirigirse específicamente a las citocinas u otras moléculas clave en la respuesta alérgica o inflamatoria.
  - **Pequeñas moléculas**: Estos compuestos pueden inhibir vías enzimáticas específicas implicadas en los procesos inmunitarios.
- **Inmunoterapia personalizada**:
  Los avances en genómica y biología molecular permiten adaptar la inmunoterapia a las necesidades específicas de cada paciente, en función de sus perfiles genéticos e inmunológicos.
- **Microbiota e inmunología**:
  El descubrimiento de la importancia de la microbiota intestinal en la regulación del sistema inmunitario ha abierto nuevas vías terapéuticas, como el uso de probióticos y prebióticos para modular la respuesta inmunitaria.

- **Terapia génica** :
  Para los pacientes con inmunodeficiencias hereditarias, la terapia génica ofrece la promesa de corregir el defecto genético en su origen. Aunque este enfoque está aún en pañales, ha mostrado resultados prometedores en casos concretos.
- **Terapias celulares:**
  Tratamientos como las células madre hematopoyéticas pueden utilizarse para reconstruir un sistema inmunitario debilitado, sobre todo en pacientes con inmunodeficiencias graves.
- **Bioterapias y nanotecnologías:**
  El uso de nanopartículas para administrar fármacos o modular la respuesta inmunitaria es un campo de investigación en rápido crecimiento. Las nanotecnologías pueden permitir la administración selectiva de fármacos, reduciendo los efectos secundarios y aumentando la eficacia.
- **Plataformas digitales y telemedicina:**
  Con la evolución de la tecnología, la telemedicina se ha convertido en una realidad para muchos pacientes. Permite un seguimiento regular, la gestión a distancia de los síntomas y la educación sobre la enfermedad, especialmente en zonas remotas.
- **Programas de educación y prevención:**
  Reconociendo la importancia de la prevención, se están creando muchos programas nuevos para educar a la población, concienciarla sobre la importancia de las alergias y los trastornos inmunológicos y ofrecerle consejos sobre cómo controlarlos.

Los recientes avances en los tratamientos de la alergia y la inmunología ofrecen esperanzas renovadas a los pacientes y a los profesionales sanitarios. A medida que avance la investigación, es probable que sigamos asistiendo a la aparición de tratamientos más eficaces, seguros y personalizados.

Capítulo 8

COLABORACIÓN INTERDISCIPLINAR

Trabaje en con otras especialidades médicas

La alergología y la inmunología son disciplinas que, por su naturaleza interconectada con otros sistemas del organismo, requieren una estrecha colaboración con otras especialidades médicas. Las enfermeras especializadas en estos campos están llamadas a menudo a trabajar en tándem con otros profesionales sanitarios para ofrecer a los pacientes una atención holística.

- **Neumología**:
  Las afecciones respiratorias alérgicas como el asma requieren una gestión conjunta con los neumólogos. Las pruebas pulmonares, los protocolos de tratamiento y la intervención en crisis requieren una estrecha colaboración.
- **Dermatología**:
  Las alergias cutáneas, como el eccema atópico o la urticaria, suelen implicar la colaboración con dermatólogos, que pueden ofrecer asesoramiento especializado sobre el tratamiento tópico y la protección de la piel.
- **Gastroenterología**:
  Las alergias alimentarias pueden manifestarse como síntomas gastrointestinales. Los gastroenterólogos pueden ayudar a diagnosticar y tratar estos síntomas y aconsejar dietas adecuadas.
- **Reumatología**:
  Las enfermedades autoinmunes, como la artritis reumatoide o el lupus, pueden requerir un tratamiento conjunto con un reumatólogo, que tiene experiencia específica en el tratamiento de estas afecciones.
- **Endocrinología**:
  Ciertas enfermedades autoinmunes pueden afectar a las glándulas endocrinas, como la tiroides. En estos

casos, la colaboración con un endocrinólogo es esencial.

- **Pediatría**:
Los niños que sufren alergias o inmunodeficiencias requieren cuidados específicos adaptados a su edad. Trabajar con un pediatra garantiza que los cuidados se adapten a su desarrollo.

- **Otorrinolaringología**:
Las alergias pueden manifestarse a menudo a través de síntomas otorrinolaringológicos, como la rinitis alérgica. Trabajar con otorrinolaringólogos nos permite tratar estos síntomas de forma integral.

- **Farmacia**:
Los farmacéuticos desempeñan un papel crucial en la gestión de los medicamentos, ayudando a controlar las interacciones entre fármacos, aconsejando sobre la dosificación y educando a los pacientes en el uso correcto de los medicamentos.

- **Psicología/Psiquiatría**:
Vivir con una enfermedad crónica o una alergia grave puede repercutir en la salud mental del paciente. Trabajar con psicólogos o psiquiatras puede ayudar a abordar estos problemas.

- Dietética :
Para los pacientes con alergias alimentarias, un dietista puede proporcionar valiosos consejos sobre cómo mantener una dieta equilibrada evitando al mismo tiempo los alérgenos.

En resumen, en el complejo mundo de la alergología y la inmunología, la colaboración multidisciplinar no sólo es beneficiosa, sino a menudo esencial. Las enfermeras, como piedra angular de los equipos asistenciales, desempeñan un papel fundamental en la coordinación de esta colaboración, garantizando que los pacientes reciban una atención completa e integrada.

La importancia de coordinación de la atención

La coordinación asistencial es un aspecto esencial de la medicina moderna, sobre todo en áreas como la alergología y la inmunología, donde los pacientes pueden presentar una serie de síntomas que abarcan varias especialidades médicas. Su objetivo es garantizar una atención integral, eficaz y centrada en el paciente, evitando duplicidades, errores médicos y lagunas en la atención.

- **Optimización de los recursos**:
  La coordinación permite utilizar de forma óptima los recursos disponibles. Esto evita la duplicación de exámenes, reduce los costes para los sistemas sanitarios y los pacientes y garantiza que los recursos se utilicen donde más se necesitan.

- **Continuidad de los cuidados**:
  La atención continuada es crucial para los pacientes con enfermedades crónicas. Gracias a una coordinación eficaz, la información del paciente fluye sin problemas entre los distintos profesionales sanitarios, garantizando una atención ininterrumpida.

- **Seguridad del paciente**:
  La coordinación reduce el riesgo de errores médicos, interacciones medicamentosas no detectadas y contraindicaciones. Los pacientes se benefician de un tratamiento coherente basado en una información completa y actualizada.

- **Atención holística**:
  Al comprender el cuadro clínico completo de un paciente, los cuidadores pueden abordar no sólo los síntomas físicos, sino también las necesidades emocionales, sociales y psicológicas del paciente.

- **Educación y capacitación del paciente**:
  Una buena coordinación asistencial también implica educar a los pacientes sobre su enfermedad, las

opciones de tratamiento disponibles y la gestión diaria de su salud. Esto les hace más independientes y capaces de participar activamente en su propio cuidado.

- **Eficacia del tiempo:**
La coordinación asistencial permite una comunicación fluida entre los profesionales sanitarios. Esto reduce el tiempo dedicado a buscar información, aclarar incertidumbres y organizar citas, haciendo que la atención sea más eficiente.

- **Satisfacción del paciente:**
Los pacientes que sienten que su atención se coordina sin problemas suelen estar más satisfechos con ella. Sienten que se les escucha, respeta y atiende en su conjunto.

- **Actualización de los protocolos de tratamiento:**
La coordinación asistencial también garantiza que los protocolos de tratamiento se actualicen periódicamente de acuerdo con los últimos avances médicos. Esto garantiza que los pacientes se beneficien de los tratamientos más recientes y eficaces.

- **Reducir la fragmentación de la atención:**
Sin coordinación, la atención puede fragmentarse, con diferentes especialistas que prescriben tratamientos sin conocimiento de otras intervenciones en curso. La coordinación garantiza un enfoque unificado.

- Optimización de los resultados médicos :

En última instancia, una coordinación asistencial eficaz se traduce en mejores resultados médicos para los pacientes. Los tratamientos son más coherentes, las complicaciones se reducen al mínimo y los pacientes se benefician de una atención integral y holística.

La coordinación de los cuidados es, por tanto, un eslabón esencial en la cadena de la atención médica. Para las enfermeras especializadas en alergia e inmunología, esto es especialmente importante dada la complejidad de las afecciones tratadas y la necesidad de una atención multidisciplinar.

Comunicarse eficazmente con médicos, farmacéuticos y otros profesionales sanitarios

La comunicación es una habilidad esencial para cualquier profesional sanitario. En el contexto dinámico e interdisciplinar de la alergología y la inmunología, los enfermeros deben trabajar en estrecha colaboración con diversos especialistas para garantizar una atención óptima al paciente. Una comunicación eficaz garantiza la seguridad, la satisfacción del paciente y unos cuidados eficaces. He aquí algunos consejos y técnicas para lograr una comunicación satisfactoria:

- Escucha activa :
  - Esté presente durante el intercambio, concéntrese en el orador.
  - No formule respuestas antes de que la otra persona haya terminado.
  - Haga preguntas para aclarar los puntos ambiguos.
- Aclare los términos médicos:
  - Utilice un lenguaje sencillo cuando hable con profesionales de otras especialidades para evitar confusiones.
  - Pida aclaraciones si un término o una instrucción no están claros.
- Utilice herramientas de comunicación estructuradas:
  - Métodos como el SBAR (Situación, Antecedentes, Evaluación, Recomendación)

pueden ayudar a estructurar la comunicación, sobre todo en situaciones urgentes.

- Sea respetuoso y abierto:
  - Reconocer la experiencia y la perspectiva de los demás miembros del equipo.
  - Evite los juicios precipitados o las críticas poco constructivas.
- Documentación precisa :
  - Asegúrese de que toda la información relevante se documenta de forma clara y concisa en el historial médico del paciente.
  - Las notas escritas se utilizan a menudo como medio de comunicación entre los profesionales sanitarios.
- Reunión del equipo interdisciplinar :
  - Participe activamente en las reuniones de equipo para hablar de los pacientes, compartir información y desarrollar planes de cuidados.
  - Estas reuniones brindan la oportunidad de debatir en profundidad casos complejos.

- Utilice la tecnología en su beneficio:
  - Las plataformas de comunicación electrónica, los historiales médicos electrónicos y las herramientas de telemedicina pueden facilitar una comunicación rápida entre los profesionales.
- Dar y recibir retroalimentación:
  - La retroalimentación es esencial para la mejora continua. Si una estrategia de comunicación está resultando ineficaz, busque formas de mejorarla.
- Desarrollar un conocimiento básico de otras especialidades:
  - Si comprende las funciones y responsabilidades de los demás miembros del equipo asistencial, podrá anticiparse mejor a sus necesidades y preguntas.

- Construya relaciones sólidas:
- El tiempo invertido en establecer relaciones profesionales sólidas y respetuosas con otros miembros del equipo médico redundará en una comunicación más fluida y eficaz.

La comunicación eficaz es el núcleo de la atención interdisciplinar. Las enfermeras, como miembros centrales del equipo asistencial, deben dominar esta habilidad para garantizar la seguridad del paciente, unos cuidados coherentes y unos resultados óptimos. Adoptando técnicas de comunicación sólidas y estableciendo relaciones basadas en el respeto mutuo, las enfermeras pueden contribuir significativamente a la excelencia de los cuidados.

Capítulo 9

INSTRUMENTOS
Y
EQUIPOS
ESPECÍFICOS

Introducción a herramientas específicas en Alergología e Inmunología

La alergología y la inmunología, al ser campos médicos en constante evolución, utilizan una serie de herramientas específicas para diagnosticar, tratar y controlar a los pacientes. Estas herramientas, ya sean tecnológicas o prácticas, son esenciales para proporcionar una atención precisa y personalizada. Esta introducción ofrece una visión general de los instrumentos y técnicas utilizados habitualmente por los profesionales de estas disciplinas.

- **Pruebas cutáneas:**
  Estas pruebas consisten en aplicar pequeñas cantidades de alérgenos potenciales sobre la piel, normalmente en el antebrazo o la espalda, para evaluar la reacción alérgica.
  - **Prueba de punción**: Se coloca una gota del alérgeno sobre la piel, que se pincha ligeramente con una aguja.
  - **Prueba del parche**: El alérgeno se aplica bajo un vendaje oclusivo durante 48 horas, ideal para los alérgenos de contacto.
- **La espirometría:**
  Una herramienta esencial para evaluar la función pulmonar. Los pacientes soplan en un espirómetro, que mide el volumen y la velocidad del aire inhalado y exhalado. Se utiliza con frecuencia para diagnosticar y controlar el asma.
- **Prueba de inmunoglobulina E (IgE):**
  Un análisis de sangre utilizado para medir el nivel de IgE específico de un alérgeno concreto, que ayuda en el diagnóstico de las alergias.
- **Pruebas de provocación:**
  Bajo estrecha supervisión, se expone al paciente a un

alérgeno sospechoso en condiciones controladas para observar cualquier reacción.

- **Inmunoterapia:**
Tratamiento que expone gradualmente al paciente a dosis crecientes de un alérgeno específico para reducir la sensibilidad.
- Pruebas biológicas :
  - **Citometría de flujo**: técnica de análisis y clasificación de células, esencial para estudiar las subpoblaciones de células inmunitarias.
  - **Prueba de la función de los neutrófilos**: evalúa la capacidad de los neutrófilos para engullir y eliminar bacterias.
- **Prueba de transformación linfoblástica :**
Evalúa la respuesta de los linfocitos a diferentes estímulos, a menudo utilizada para diagnosticar ciertas inmunodeficiencias.
- **Imágenes médicas:**
Pueden utilizarse técnicas como la radiografía de tórax o la tomografía computarizada para evaluar complicaciones relacionadas con alergias o enfermedades autoinmunes.
- **Historia clínica electrónica (HCE):**
Una herramienta digital para registrar, almacenar y compartir la información médica de los pacientes. El EMR facilita la coordinación de la atención entre los distintos profesionales sanitarios.
- **Aplicaciones y herramientas de supervisión :**
Numerosas aplicaciones permiten a los pacientes registrar sus síntomas y desencadenantes alérgicos, o controlar su función pulmonar en casa.
- **Nuevos tratamientos biológicos :**
Se trata de fármacos derivados de fuentes biológicas, diseñados específicamente para actuar sobre determinadas partes del sistema inmunitario. Se utilizan cada vez más en el tratamiento de enfermedades autoinmunes y ciertas alergias graves.

- **Herramientas educativas :**

Folletos, vídeos y talleres dirigidos a los pacientes y sus familias para informarles sobre su enfermedad, los tratamientos disponibles y las estrategias de autogestión.

Estas herramientas, combinadas con la experiencia clínica de los profesionales sanitarios, permiten un enfoque exhaustivo y personalizado de los cuidados de alergología e inmunología. Por lo tanto, el dominio de estas herramientas es crucial para cualquier enfermera que trabaje en estas especialidades.

Mantenimiento, esterilización, y uso seguro

La integridad, esterilización y seguridad de las herramientas y equipos utilizados en alergología e inmunología son cruciales para garantizar una atención médica de alta calidad y minimizar el riesgo de infección. Un mantenimiento deficiente o una esterilización ineficaz pueden provocar graves complicaciones a los pacientes.

- Principios básicos :
    - **Higiene de las manos**: Es la primera línea de defensa contra las infecciones. Es esencial lavarse las manos antes y después de manipular cualquier equipo.
    - **Llevar equipo de protección personal**: Guantes, mascarillas, batas y gafas de seguridad pueden ser necesarios dependiendo de la situación.
- Mantenimiento regular del equipo :
    - Asegúrese de que todos los equipos se inspeccionan y mantienen regularmente de acuerdo con las recomendaciones del fabricante.

- Cualquier equipo defectuoso debe retirarse inmediatamente de la cadena de cuidado.
- Esterilización :
  - El instrumental reutilizable debe limpiarse y esterilizarse después de cada uso. Los autoclaves, que utilizan vapor a presión para matar los microorganismos, se utilizan habitualmente para esta tarea.
  - Se pueden utilizar soluciones desinfectantes para determinados equipos, pero deben cambiarse con regularidad y utilizarse de acuerdo con las instrucciones del fabricante.
- Utilización de instrumentos de un solo uso :
  - Muchos instrumentos de alergología e inmunología son de un solo uso para evitar el riesgo de infecciones cruzadas.
  - Estos instrumentos deben desecharse correctamente después de su uso en contenedores adecuados.
- Formación y sensibilización :
  - El personal médico y de enfermería debe recibir formación periódica y conocer los protocolos de esterilización y mantenimiento.
  - Las auditorías y evaluaciones periódicas pueden ayudar a identificar deficiencias o áreas de mejora.
- Almacenamiento seguro :
  - El instrumental esterilizado debe almacenarse en un entorno limpio y seco, libre de contaminación.
  - Los armarios y las zonas de almacenamiento deben limpiarse y desinfectarse con regularidad.
- Trazabilidad :
  - Llevar un registro detallado del equipo, el mantenimiento y el uso puede ayudar a

garantizar la trazabilidad y a identificar rápidamente cualquier irregularidad.

- Gestión de residuos :
  - Los residuos biomédicos, como agujas y otros instrumentos afilados, deben eliminarse de forma segura en contenedores adecuados.
  - Los residuos deben eliminarse de acuerdo con la normativa local.
- Seguridad del paciente y del personal :
  - Asegúrese de que todo el equipo funciona correctamente y con seguridad para minimizar los riesgos para los pacientes y el personal.
- Evaluación continua :
  - La tecnología médica evoluciona rápidamente. Por lo tanto, es esencial evaluar continuamente las herramientas y técnicas utilizadas para garantizar que se mantienen a la vanguardia de la tecnología y en línea con las mejores prácticas.

La gestión rigurosa de los equipos de alergología e inmunología es esencial para garantizar la seguridad de los pacientes y del personal. El mantenimiento, la esterilización y el uso seguro de las herramientas son aspectos fundamentales de la calidad de la atención y la prevención de infecciones.

Innovaciones tecnológicas y su impacto en la práctica

En la era de la tecnología y la medicina personalizada, la alergología y la inmunología se están beneficiando de avances revolucionarios que están transformando la atención al paciente. Estas innovaciones no sólo están mejorando la calidad de la atención, sino que también están facilitando la vida a los profesionales sanitarios y a los pacientes.

- **Teleconsulta** :
  Con el auge de la telemedicina, las consultas a distancia se han hecho posibles. Esto permite a los pacientes acceder a los especialistas sin tener que desplazarse, especialmente a los que viven en zonas remotas.
- **Aplicaciones móviles**:
  Los pacientes pueden utilizar aplicaciones para controlar sus síntomas, tomar la medicación a tiempo o incluso realizar pruebas de función pulmonar en casa. Estos datos pueden compartirse después con los profesionales sanitarios para un seguimiento más personalizado.
- **Tecnologías vestibles**:
  Los dispositivos vestibles, como relojes y pulseras, pueden ahora controlar parámetros vitales como la frecuencia cardiaca o la saturación de oxígeno, alertando a pacientes y médicos de cualquier anomalía.
- **Inteligencia artificial (IA)**:
  La IA puede ayudar a analizar los resultados de las pruebas, predecir reacciones alérgicas o detectar enfermedades autoinmunes en una fase temprana. Ofrece ayuda en el diagnóstico y la toma de decisiones terapéuticas.
- **Terapia génica**:
  Aunque todavía se encuentra en fase de investigación para determinadas enfermedades, la terapia génica podría ofrecer tratamientos curativos para ciertas enfermedades inmunitarias mediante la modificación del código genético.
- **Impresión en 3D**:
  Permite crear modelos tridimensionales de órganos o

sistemas inmunitarios, lo que facilita la educación de los pacientes y la formación médica.

- **Biotecnología:**
Los avances en este campo han conducido a la creación de fármacos biológicos que se dirigen específicamente a determinadas partes del sistema inmunitario, ofreciendo tratamientos más eficaces con menos efectos secundarios.

- **Historias clínicas electrónicas (HCE):**
Una versión más avanzada de los EMR, que incorpore IA, podría ayudar a la detección precoz de complicaciones, al análisis de los datos de los pacientes y a una mejor coordinación de la atención.

- **Plataformas educativas en línea:**
Enfermeras, médicos y pacientes pueden acceder a recursos, formación y seminarios web para mantenerse al día de los últimos avances.

- Herramientas de realidad virtual :
Utilizadas para la formación médica o para ayudar a los pacientes a comprender su enfermedad, estas herramientas inmersivas ofrecen una experiencia de aprendizaje única.

El impacto de estas innovaciones en la práctica médica es inmenso. Permiten un diagnóstico más precoz, una atención más personalizada y mejoran la calidad de vida de los pacientes. Sin embargo, es esencial que los profesionales sanitarios reciban la formación adecuada para utilizar estas tecnologías con eficacia. Además, deben tenerse en cuenta consideraciones éticas y normativas, sobre todo en lo que respecta a la protección de los datos de los pacientes.

Formación y habilidades necesarias para utilizar los instrumentos

El dominio de los instrumentos y equipos específicos de la alergología y la inmunología es esencial para garantizar la seguridad del paciente y un diagnóstico y tratamiento precisos. Esto requiere una formación adecuada y el desarrollo de habilidades específicas.

- Formación académica y clínica :
  - **Diplomatura en enfermería**: El punto de partida suele ser una diplomatura en enfermería, que proporciona una introducción a los conocimientos básicos necesarios para trabajar en un entorno médico.
  - **Formación especializada**: A menudo se recomienda formación adicional en alergología e inmunología a quienes deseen especializarse en este campo.
- Talleres y formación práctica :
  - **Prácticas clínicas**: Los enfermeros deben realizar prácticas en clínicas u hospitales especializados para adquirir experiencia práctica.
  - **Talleres y seminarios**: Los fabricantes de equipos y las asociaciones profesionales suelen organizar talleres para formar a las enfermeras en el uso de nuevos instrumentos o tecnologías.
- Competencias técnicas :
  - **Manejo de equipos**: Saber utilizar, mantener y solucionar los problemas de los equipos específicos de alergología e inmunología.
  - **Procedimientos de prueba**: dominio de los procedimientos de prueba cutánea, espirometría, administración de vacunas y otros procedimientos rutinarios.

- Habilidades de seguridad :
  - **Protocolos de esterilización**: Conocimiento de los métodos de esterilización adecuados para cada instrumento.
  - **Prevención de infecciones**: Comprender y seguir los protocolos para evitar las infecciones cruzadas.
- Actualización continua :
  - **Formación continua**: Con el rápido desarrollo de las tecnologías médicas, es esencial seguir cursos de formación regulares para mantenerse al día de los últimos avances.
- Habilidades de comunicación :
  - **Interpretación de resultados**: Capacidad para leer, comprender y comunicar los resultados de las pruebas a médicos y pacientes.
  - **Educación del paciente**: Explicar los procedimientos, tratamientos y resultados a los pacientes de forma clara y empática.
- Capacidad de gestión :
  - **Organización**: gestión eficaz del tiempo, organización de citas y coordinación con otros profesionales sanitarios.
  - **Documentación precisa**: mantener al día los historiales médicos, documentar los resultados de las pruebas y las intervenciones.
- Desarrollo profesional :
  - **Certificaciones y especializaciones**: La obtención de certificaciones en campos específicos, como la inmunoterapia con alérgenos, puede mejorar las habilidades y la credibilidad.
- Pensamiento crítico y toma de decisiones :
  - Analizar situaciones, interpretar datos y tomar decisiones informadas para el bienestar del paciente.

- Adaptabilidad :
- Con la tecnología y los protocolos médicos en constante evolución, es esencial ser flexible y estar preparado para aprender y adaptarse.

El uso seguro y eficaz del instrumental en alergología e inmunología requiere una combinación de formación formal, formación práctica, habilidades técnicas y habilidades interpersonales. El desarrollo continuo de estas habilidades garantiza que los pacientes reciban la mejor atención posible.

Capítulo 10

GESTIÓN DE SITUACIONES COMPLEJAS

Pacientes refractarios a los tratamientos estándar

En el campo de la alergología y la inmunología, algunos pacientes pueden no responder a los tratamientos estándar o utilizados habitualmente, por lo que se les califica de "pacientes refractarios". Comprender y tratar a estos pacientes es un reto importante para los profesionales sanitarios.

- **¿Qué es un paciente refractario?**
  Un paciente refractario es aquel que no responde al tratamiento inicial o que recae tras una respuesta inicial. Esta falta de respuesta puede deberse a diversos factores, como la gravedad de la enfermedad, la presencia de múltiples comorbilidades o variaciones genéticas.
- Causas de la refractariedad:
  - **Características individuales**: Cada paciente es único, y su genética, metabolismo o entorno pueden afectar a su respuesta al tratamiento.
  - **Incumplimiento del tratamiento**: El mal cumplimiento del tratamiento, a menudo debido a los efectos secundarios, puede ser una causa.
  - **Complejidad de la enfermedad**: Las alergias y las enfermedades autoinmunes pueden presentarse de forma compleja, lo que hace que algunos casos sean más difíciles de tratar.
- **Identificación de los pacientes refractarios**:
  El seguimiento regular de los síntomas, el uso de pruebas diagnósticas y la evaluación de la respuesta al tratamiento son esenciales para identificar a estos pacientes.

- Enfoques terapéuticos para pacientes refractarios:
  - **Modificación del tratamiento**: Aumento de la dosis, cambio de medicación o combinación de varios tratamientos.
  - **Tratamientos biológicos**: Ciertos fármacos biológicos pueden dirigirse específicamente a partes del sistema inmunitario implicadas en la enfermedad.
  - **Inmunoterapia**: Para algunos alérgicos, la inmunoterapia puede ayudar a desensibilizar el sistema inmunitario.
  - **Intervenciones no farmacológicas**: La psicoterapia, la rehabilitación o las técnicas de control del estrés pueden complementar el tratamiento médico.
- Desafíos asociados a la gestión:
  - **Efectos secundarios: Los** tratamientos alternativos o intensificados pueden tener efectos secundarios más marcados.
  - **Coste**: Algunos tratamientos para pacientes refractarios pueden ser caros, lo que plantea retos en términos de reembolso o acceso.
  - **Carga emocional**: La refractariedad puede ser estresante y deprimente para los pacientes, por lo que requieren apoyo psicológico.
- **Colaboración interdisciplinar**:
  El tratamiento de los pacientes refractarios puede requerir una estrecha colaboración entre alergólogos, inmunólogos, psicólogos y otros especialistas para lograr un enfoque holístico.
- **Investigación y ensayos clínicos**:
  Los pacientes refractarios pueden tener la oportunidad de participar en ensayos clínicos de nuevos tratamientos. Esto también es un incentivo para la investigación continua en este campo.
- **Educación y apoyo al paciente**:
  Es esencial implicar al paciente en el proceso de

toma de decisiones, informarle de las opciones disponibles y apoyarle emocionalmente.

Los pacientes refractarios en alergología e inmunología representan un reto clínico importante, pero también una oportunidad para profundizar en el conocimiento de estas enfermedades e innovar en cuanto al tratamiento. La gestión personalizada, la colaboración interprofesional y la investigación continua son esenciales para ofrecer la mejor atención posible a estos pacientes.

Alergias e inmunodepresiones en pacientes pediátricos

Los niños no son simplemente pequeños adultos; sus sistemas inmunitarios se desarrollan y evolucionan con el tiempo. Por ello, el tratamiento de las alergias y las inmunodepresiones en los pacientes pediátricos suele diferir del de los adultos. Abordemos este tema con precisión, sensibilidad y preocupación por la integridad médica.

- Comprender lo básico:
    - **Desarrollo del sistema inmunitario**: Desde el nacimiento, y a medida que crecen, los niños están expuestos a multitud de antígenos que moldean su sistema inmunitario.
    - **Factores genéticos y medioambientales**: los genes heredados de los padres y el medio ambiente desempeñan un papel decisivo en el desarrollo de alergias e inmunodeficiencias.
- Alergias pediátricas:
    - **Alergias alimentarias**: Incluye el diagnóstico, la gestión y la prevención de alergias comunes como a la leche, los huevos, los cacahuetes, etc.

- **Eccema atópico**: una afección frecuente en bebés y niños.
- **Asma**: Los síntomas y el tratamiento del asma en los niños suelen diferir de los de los adultos.
- **Alergias estacionales**: Reacciones al polen, el moho y otros alérgenos del entorno.
- Inmunodepresión pediátrica:
  - **Inmunodeficiencias primarias**: Estas deficiencias son generalmente genéticas y pueden afectar a diferentes componentes del sistema inmunitario.
  - **Inmunodeficiencias secundarias**: Pueden producirse como resultado de infecciones, tratamientos farmacológicos u otras afecciones médicas.
  - **Infecciones oportunistas**: En los niños inmunodeprimidos, las infecciones que suelen ser benignas pueden convertirse en graves.
- Diagnosticar y evaluar:
  - **Presentación clínica**: Síntomas de alergias e inmunodeficiencias en niños.
  - **Pruebas diagnósticas**: Pruebas cutáneas, análisis de sangre y otros procedimientos adecuados para los niños.
- Tratamientos específicos para niños:
  - **Medicamentos** : Dosis, métodos de administración y efectos secundarios en niños.
  - **Educación terapéutica**: cómo enseñar a los niños y a sus familias las mejores formas de controlar sus afecciones.
  - **Adherencia   al tratamiento** : Garantizar el seguimiento y la cooperación de los pacientes jóvenes.
- Prevención y educación:
  - **Vacunas** : El papel esencial de las vacunas, especialmente en los niños inmunodeprimidos.

- **Evitar los alérgenos**: Consejos para los padres sobre cómo evitar la exposición a los alérgenos más comunes.
- **Nutrición y dieta**: La importancia de una dieta sana y dietas específicas para niños alérgicos.
- Desafíos psicosociales y apoyo:
  - **Impacto en la familia**: Cuidar de un niño con alergias o inmunodepresión puede ser estresante para toda la familia.
  - **Apoyo psicológico**: La importancia del apoyo emocional para los niños y sus familias.
  - **Actividades escolares y sociales**: Cómo ayudar a un niño alérgico o inmunodeprimido a vivir con normalidad en la escuela y otros entornos sociales.

El tratamiento de las alergias y las inmunodepresiones en los niños requiere un enfoque global e integrado, adaptado a las necesidades específicas de la pediatría. Trabajar en estrecha colaboración con los niños, sus familias, las escuelas y otras partes interesadas es esencial para garantizar su bienestar, seguridad y calidad de vida.

Atención a pacientes ancianos

Con el avance de la edad, el sistema inmunitario experimenta cambios estructurales y funcionales, lo que se conoce como inmunosenescencia. Los pacientes ancianos pueden presentar retos únicos en alergología e inmunología, que requieren un enfoque adaptado a sus necesidades específicas.

- La inmunosenescencia y sus implicaciones:
  - **Cambios en el sistema inmunitario con la edad**: Comprender cómo cambia el sistema

inmunitario con la edad y cómo repercute esto en la susceptibilidad a las enfermedades y las infecciones.

- **Mayor vulnerabilidad**: Los pacientes ancianos suelen ser más vulnerables a las infecciones y pueden experimentar reacciones alérgicas atípicas.
- Alergias en pacientes ancianos:
    - **Manifestaciones clínicas**: Los síntomas alérgicos pueden ser atenuados, atípicos o estar enmascarados por otras afecciones comunes en los ancianos.
    - **Desencadenantes**: Exploración de los alérgenos más comunes y cómo afectan a las personas mayores.
- Inmunosupresión en pacientes ancianos:
    - **Causas y consecuencias**: Las inmunodeficiencias pueden verse amplificadas por otras enfermedades crónicas, los tratamientos farmacológicos y la inmunosenescencia.
    - **Gestión**: La importancia de una evaluación y un seguimiento adecuados para minimizar los riesgos.
- Diagnóstico en pacientes ancianos:
    - **Desafíos especiales**: Es posible que las pruebas estándar deban ajustarse o interpretarse de forma diferente.
    - **Importancia de la anamnesis**: Una anamnesis cuidadosa es esencial, dada la probabilidad de comorbilidades y medicaciones concomitantes.
- Tratamientos adaptados a pacientes de edad avanzada:
    - **Medicamentos y dosis**: Tenga en cuenta los cambios farmacocinéticos y farmacodinámicos con la edad.

117

- **Control de los efectos secundarios**: Los ancianos pueden ser más sensibles a ciertos efectos secundarios o interacciones con otros medicamentos.
- Enfoque holístico:
  - **Tener en cuenta las comorbilidades**: los pacientes ancianos suelen tener una serie de afecciones médicas concomitantes que pueden influir en su tratamiento.
  - **Aspectos psicosociales**: la importancia del apoyo emocional, los hábitos de vida y el contexto social.
- Educación y prevención:
  - **Cumplimiento del tratamiento** : Garantizar la comprensión y la cooperación del paciente, teniendo en cuenta cualquier limitación cognitiva o física.
  - **Vacunas**: Las recomendaciones de vacunación pueden variar y son esenciales para proteger a los ancianos de las infecciones.

- Colaboración multidisciplinar:
  - **Coordinación de cuidados**: Trabajar con otros especialistas, como geriatras, para proporcionar una atención integral.
  - **Familiares y cuidadores**: El papel esencial de los familiares en los cuidados, el apoyo y la toma de decisiones.

El tratamiento de los pacientes ancianos en alergología e inmunología requiere un conocimiento profundo de los cambios relacionados con la edad y de los retos específicos asociados a esta población. Un enfoque personalizado, multidisciplinar y atento garantizará una atención óptima y una mejor calidad de vida para estos pacientes.

Desafíos relacionados con enfermedades raras y huérfanas

El término "enfermedades raras" hace referencia a una amplia categoría de enfermedades que afectan a un pequeño porcentaje de la población. En el contexto de la alergología y la inmunología, algunas de estas enfermedades se denominan "huérfanas" porque no atraen la atención de los investigadores ni de la industria farmacéutica debido a su baja prevalencia. Estas enfermedades plantean retos únicos tanto a los profesionales sanitarios como a los pacientes.

- Comprender las enfermedades raras:
    - **Definición y clasificación**: qué se entiende por "enfermedades raras" y cómo se clasifican en alergología e inmunología.
    - **Epidemiología**: La prevalencia, distribución y evolución de estas enfermedades.
- Diagnóstico: Un camino sembrado   de escollos
    :
    - **Retrasos en el diagnóstico**: Muchos pacientes con enfermedades raras pasan años sin un diagnóstico preciso.
    - **Complejidad de los síntomas**: Las manifestaciones pueden ser vagas, atípicas o parecerse a otras afecciones más comunes.
- Falta de investigación y datos :
    - **Financiación limitada**: La investigación sobre enfermedades raras suele estar infrafinanciada porque no atrae el interés comercial.
    - **Ensayos clínicos**: Dificultades para realizar estudios sólidos debido al reducido número de pacientes.

- Retos terapéuticos :
  - **Tratamientos limitados o inexistentes**: Muchas enfermedades raras no tienen un tratamiento específico.
  - **Medicamentos huérfanos**: los retos y las esperanzas que conlleva el desarrollo de fármacos para estas enfermedades.
- Atención integral al paciente :
  - **Enfoque multidisciplinar**: La necesidad de una estrecha colaboración entre varios especialistas para abordar todos los aspectos de la enfermedad.
  - **Apoyo psicológico**: Reconocer y tratar el impacto emocional y psicológico en los pacientes y sus familias.
- Educación y sensibilización :
  - **Formar a los profesionales sanitarios**: Garantizar que los cuidadores estén bien informados y preparados para identificar y tratar estas enfermedades.
  - **Sensibilizar a la opinión pública**: Aumentar la visibilidad de estas enfermedades para atraer la atención, la financiación y la investigación.
- Colaboración y redes :
  - **Centros de referencia**: La importancia de los centros especializados para proporcionar una atención experta.
  - **Redes de pacientes** : Las asociaciones de pacientes desempeñan un papel crucial a la hora de proporcionar apoyo, información y hacer campaña a favor de la investigación.
- Aspectos éticos y sociales :
  - **Acceso a la atención sanitaria**: Garantizar que todos los pacientes, independientemente de su situación geográfica o socioeconómica,

tengan acceso al tratamiento y a la atención sanitaria.

- **Cuestiones éticas**: diagnóstico prenatal, genética y final de la vida.

Las enfermedades raras y huérfanas en alergología e inmunología requieren una atención especial. Aunque afectan a un pequeño porcentaje de la población, el impacto sobre los individuos afectados y sus familias es profundo. Un enfoque holístico y centrado en el paciente, combinado con una investigación vigorosa, es esencial para mejorar el diagnóstico, el tratamiento y la calidad de vida de estos pacientes.

Capítulo 11

INVESTIGACIÓN EN ALERGOLOGÍA E INMUNOLOGÍA

La importancia de la investigación clínica y fundamental

La alergología y la inmunología, como todas las disciplinas médicas, se basan en décadas, incluso siglos, de investigación. La innovación, la exploración y la comprensión siguen evolucionando gracias a los esfuerzos combinados de la investigación básica y clínica. Estos dos pilares, aunque distintos en sus enfoques, están intrínsecamente ligados y son esenciales para lograr mejoras significativas en la atención al paciente.

- Investigación fundamental: Explorando lo básico :
  - **Definición y alcance**: Entender qué es la investigación básica y en qué se diferencia de la investigación aplicada.
  - **Mecanismos inmunológicos**: Estudiar cómo funciona el sistema inmunológico a nivel molecular, celular y sistémico.
  - **Orígenes de las enfermedades**: Identifique los desencadenantes genéticos, medioambientales y fisiológicos de las enfermedades alérgicas e inmunológicas.
- Investigación clínica: del laboratorio a la cabecera del paciente :
  - **Fases del ensayo clínico**: Comprender los pasos necesarios para probar nuevas terapias, desde la seguridad hasta la eficacia.
  - **Estudios epidemiológicos**: Análisis de las tendencias, causas y efectos de las enfermedades a nivel de población.
  - **Investigación sobre la eficacia de los tratamientos**: Evaluación del funcionamiento de los tratamientos en condiciones reales.

- La interfaz entre la investigación fundamental y la clínica :
  - **Transferencia de conocimientos**: ¿Cómo pueden traducirse los descubrimientos de laboratorio en terapias potenciales?
  - **Colaboración interdisciplinar**: la importancia de combinar diversos conocimientos para una investigación innovadora e integradora.
- Impacto en el tratamiento y la prevención :
  - **Nuevos fármacos y terapias**: cómo la investigación está conduciendo al desarrollo de tratamientos nuevos, más eficaces y menos invasivos.
  - **Estrategias de prevención**: Utilizar la investigación para anticipar y prevenir las enfermedades antes de que se produzcan.
- Retos de la investigación y ética :
  - **Cuestiones éticas**: consideraciones en torno a los ensayos clínicos, la genómica y la biología sintética.
  - **Financiación y apoyo**: Los retos asociados a la obtención de financiación suficiente y sostenible para la investigación.
- El futuro de la investigación en alergia e inmunología:
  - **Terapias personalizadas**: El uso de la genética y la medicina de precisión para adaptar los tratamientos a las necesidades individuales.
  - **Tecnologías emergentes**: Innovaciones, como la edición del genoma y la inteligencia artificial, que están dando forma a la investigación futura.

La investigación, tanto fundamental como clínica, es la fuerza motriz del progreso en alergología e inmunología.

Nos permite mejorar constantemente nuestra comprensión de las enfermedades, desarrollar nuevos tratamientos y ampliar las fronteras de lo que la medicina puede alcanzar. Para los profesionales sanitarios, mantenerse al día de los últimos avances es esencial si quieren ofrecer la mejor atención posible a sus pacientes.

Cómo puede contribuir la enfermera para la investigación

Las enfermeras ocupan una posición única en el ámbito sanitario, ya que se encuentran tanto en el corazón de la atención clínica como en la interfaz entre el paciente y el equipo médico. Esta posición privilegiada les permite desempeñar un papel crucial en la investigación, especialmente en Alergología e Inmunología.

- Función de recogida de datos :
    - **Toma de notas clínicas en profundidad**: al documentar cuidadosamente los síntomas de los pacientes, sus reacciones al tratamiento y otras observaciones relevantes, las enfermeras proporcionan datos esenciales para la investigación clínica.
    - **Seguimiento posterior al tratamiento**: Observaciones sobre la durabilidad de los tratamientos, la aparición de efectos secundarios o la calidad de vida de los pacientes.
- Enlace entre pacientes e investigadores :
    - **Reclutamiento para ensayos clínicos**: La enfermera puede identificar a los pacientes susceptibles de beneficiarse de los ensayos clínicos y remitirlos a estas oportunidades.
    - **Educación y consentimiento**: explicar a los pacientes la finalidad, los beneficios y los

riesgos de los ensayos clínicos, al tiempo que se obtiene su consentimiento informado.

- Realización de proyectos de investigación en enfermería :
  - **Identificar problemas**: Basándose en su experiencia clínica, las enfermeras pueden identificar las áreas que requieren investigación o mejora.
  - **Desarrollo y aplicación de protocolos**: Diseño de pequeños estudios para probar, por ejemplo, nuevos procedimientos asistenciales o intervenciones educativas.
- Participación en estudios multidisciplinares:
  - **Equipo de investigación**: Trabaja con médicos, investigadores, farmacéuticos y otros profesionales sanitarios.
  - **Aportación de una perspectiva clínica**: compartir ideas basadas en la experiencia asistencial diaria para mejorar el diseño y la aplicación de los estudios.
- Publicación y distribución:
  - **Redacción de artículos**: divulgación de los resultados de investigaciones o revisiones bibliográficas en revistas especializadas.
  - **Conferencias y talleres**: Presente sus hallazgos a sus colegas, participe en debates y manténgase al día de los últimos avances.
- Formación continua y especialización :
  - **Cursos y cualificaciones**: Formación específica en investigación en enfermería.
  - **Titulaciones avanzadas**: Realice estudios de posgrado para especializarse más en investigación, como un máster o un doctorado en enfermería.

- Abogado de investigación basada en pruebas :
  - **Promover las mejores prácticas**: garantizar que la atención prestada se basa en las pruebas más recientes y sólidas.
  - **Retroalimentación sobre los protocolos existentes**: Sugiera mejoras basadas en investigaciones y comentarios recientes.

El papel de la enfermera en la investigación es, por tanto, diverso y esencial. Ya sea recopilando datos, dirigiendo proyectos o difundiendo conocimientos, las enfermeras son actores clave en el avance de la investigación en Alergología e Inmunología. Su contribución garantiza que la investigación sea relevante, centrada en el paciente y, sobre todo, aplicable a la práctica clínica diaria.

Los últimos grandes descubrimientos y su participación

La alergología y la inmunología son campos en constante evolución. La investigación es floreciente y conduce regularmente a descubrimientos que están transformando la comprensión y el tratamiento de las enfermedades alérgicas e inmunitarias. He aquí algunos de los avances más significativos de los últimos años y sus implicaciones para la práctica clínica:

- **Microbioma y salud inmunológica :**
  Descubrimiento: El intestino alberga billones de microbios (bacterias, virus, hongos) que desempeñan un papel crucial en la regulación de nuestro sistema inmunitario.
  Implicaciones: Estos descubrimientos cuestionan el modo en que se desarrollan las alergias y ciertas enfermedades autoinmunes, abriendo el camino a tratamientos basados en la modulación del

microbioma, como los probióticos o los trasplantes fecales.

- **Terapias biológicas para enfermedades autoinmunes y alérgicas**:
Descubrimiento: Fármacos dirigidos diseñados para bloquear moléculas específicas implicadas en la inflamación y la respuesta inmunitaria.
Implicación: Estos fármacos ofrecen tratamientos más eficaces y menos tóxicos para enfermedades como el asma grave, la dermatitis atópica y la artritis reumatoide.

- **Tratamiento de la anafilaxia** :
Descubrimiento: Nuevos autoinyectores de adrenalina más fáciles de usar y formación sobre su uso.
Implicación: Administración más rápida y eficaz de adrenalina en caso de anafilaxia, lo que aumenta las posibilidades de supervivencia y reduce las complicaciones.

- **Desensibilización a los alérgenos alimentarios** :
Descubrimiento: Protocolos de inmunoterapia oral para desensibilizar gradualmente a los pacientes alérgicos a ciertos alimentos.
Implicación: Las personas con alergias alimentarias graves pueden ser tratadas potencialmente para aumentar su tolerancia al alérgeno, reduciendo así el riesgo de reacciones graves.

- **Genética de las enfermedades inmunológicas** :
Descubrimiento: Identificación de genes específicos asociados a enfermedades inmunitarias, como la inmunodeficiencia primaria.
Implicaciones: Diagnóstico más precoz y preciso, y la posibilidad de terapias génicas para tratar algunas de estas afecciones en el futuro.

- **Inmunoterapia en oncología** :
Descubrimiento: Utilización del sistema inmunitario para atacar y eliminar las células cancerosas.
Implicación: Este avance ha revolucionado el

tratamiento de ciertos tipos de cáncer, ofreciendo opciones terapéuticas donde había poca o ninguna esperanza.

El impacto de estos descubrimientos es enorme, ya que ofrecen nuevas perspectivas de tratamiento, mejoran la calidad de vida de los pacientes y, en algunos casos, proporcionan una cura. Es un recordatorio del poder de la investigación y de su importancia en el campo de la medicina, así como del papel esencial de los profesionales sanitarios, incluidas las enfermeras, a la hora de traducir estos descubrimientos en cuidados beneficiosos para los pacientes.

El futuro de la investigación y campos emergentes

La alergología y la inmunología, como campos interconectados de la medicina, siguen evolucionando rápidamente y surgen constantemente nuevas áreas de investigación. Estas áreas prometen aportar nuevos conocimientos y posibles avances terapéuticos. He aquí un atisbo de lo que el futuro puede deparar a la investigación en Alergología e Inmunología:

- Inmunoterapia personalizada :
  - *Enfoque*: Adaptar los tratamientos inmunoterapéuticos a las características genéticas e inmunológicas individuales del paciente.
  - *Potencial*: Ofrecer tratamientos más eficaces con menos efectos secundarios, que conduzcan a una mejor calidad de vida.

- Neuroinmunología :
    - *Área de interés*: Estudio de las interacciones entre el sistema nervioso y el sistema inmunológico.
    - *Potencial*: Comprender los vínculos entre el estrés, la depresión y la disfunción inmunológica, abriendo nuevos enfoques terapéuticos.
- Epigenética de las enfermedades inmunológicas :
    - *Objetivo*: Comprender cómo los factores medioambientales modifican la expresión de los genes relacionados con la respuesta inmunitaria sin cambiar el propio ADN.
    - *Potencial*: Identificar nuevos mecanismos de enfermedad y nuevas dianas terapéuticas.
- Microbioma y alergología:
    - *Área de interés*: Estudiar cómo los cambios en el microbioma pueden influir en la prevalencia y gravedad de las alergias.
    - *Potencial*: Desarrollar intervenciones para restaurar o modular el microbioma con el fin de prevenir o tratar las alergias.
- Tecnologías CRISPR y edición de genes :
    - *Área de interés*: Uso de técnicas de edición genética para corregir o modificar los genes responsables de los trastornos inmunológicos.
    - *Potencial*: Tratar las enfermedades genéticas en su raíz, ofreciendo potencialmente curas para afecciones actualmente incurables.
- Nanotecnología en inmunología :
    - *Área de interés*: Uso de nanopartículas para administrar fármacos, vacunas o moduladores del sistema inmunitario.
    - *Potencial*: Aumentar la eficacia de los tratamientos al tiempo que se reducen los efectos secundarios.

- Inmunología ambiental :
  - *Enfoque*: Comprender el impacto de los contaminantes, las toxinas y el cambio climático en el sistema inmunológico.
  - *Potencial*: Prevenir y tratar enfermedades asociadas a factores medioambientales.

Estas y otras áreas emergentes definen la frontera de la investigación en Alergología e Inmunología. La inversión continuada en estas áreas puede conducir a descubrimientos transformadores que mejoren la atención a los pacientes en todo el mundo. Para los profesionales sanitarios, incluidos los enfermeros, mantenerse al día de estos avances es esencial para proporcionar una atención óptima y guiar a los pacientes a través del complejo panorama de las opciones terapéuticas.

Capítulo 12

TRANSICIÓN
A
OTRAS
ESPECIALIDADES
O
PUESTOS
AVANZADOS

La enfermera practicante en Alergología e Inmunología

Los profesionales de enfermería (PN) desempeñan un papel crucial en el cuidado de los pacientes con trastornos alérgicos e inmunológicos. Su formación avanzada, combinada con sus habilidades de evaluación clínica y gestión terapéutica, hacen de los PN un eslabón esencial en la atención continuada que se ofrece a estos pacientes.

- Definición y reconocimiento profesional :
    - *Orígenes y evolución del papel del IP*: una breve historia del desarrollo de esta profesión.
    - *Marco reglamentario*: Los criterios de elegibilidad, formación y certificación necesarios para trabajar como IP.
    - Distinción entre enfermera y profesional de enfermería: aclaración de competencias y responsabilidades.
- Competencias y formación :
    - *Formación académica*: El curso universitario y las prácticas clínicas necesarias para convertirse en IP en Alergología e Inmunología.
    - *Formación continua*: La importancia de actualizar periódicamente los conocimientos y las habilidades.
- Áreas de especialización :
    - *Evaluación clínica avanzada*: Capacidad para realizar exámenes en profundidad e interpretar resultados complejos.
    - *Terapia de   prescripción*: La capacidad de iniciar, ajustar o interrumpir tratamientos en colaboración con los médicos.
    - *Seguimiento y coordinación de la atención*: Garantizar la continuidad de la atención a los pacientes, en colaboración con otros profesionales sanitarios.

- Papel específico en Alergología e Inmunología :
  - *Atención a los alérgicos*: evaluación, diagnóstico y seguimiento de pacientes con diversas alergias.
  - *Gestión de las inmunodeficiencias*: detección, seguimiento y derivación de pacientes con inmunodeficiencias.
  - *Educación terapéutica*: concienciación sobre los alérgenos, administración de tratamientos y prevención de ataques.
- Retos y oportunidades :
  - *Colaboración interprofesional*: la importancia de trabajar en sinergia con médicos, farmacéuticos y otros profesionales sanitarios.
  - *Desafíos a los que se enfrenta la profesión*: límites normativos, obstáculos al reconocimiento profesional y retos clínicos.
  - *Oportunidades para el futuro*: Ampliar el ámbito de la práctica, participar en la investigación clínica y contribuir a la formación médica continua.
- Casos clínicos y testimonios :
  - Historias reales que ilustran el papel de la IP en Alergología e Inmunología, destacando su impacto en la mejora de la atención al paciente.

La enfermera especializada en Alergología e Inmunología es un pilar de la atención al paciente. Su formación en profundidad y sus habilidades clínicas avanzadas les permiten proporcionar una atención de alta calidad, colmar lagunas en los sistemas sanitarios y contribuir activamente al desarrollo de las prácticas médicas en este campo especializado.

La transición a la enseñanza o formación

La carrera de una enfermera especializada en Alergia e Inmunología no se limita a la atención directa al paciente. Con la experiencia, muchas enfermeras se sienten atraídas por el mundo de la docencia, buscando formar a la próxima generación de profesionales sanitarios en esta apasionante especialidad. Esta transición, aunque natural, requiere una preparación y una reflexión específicas.

- Motivaciones para la enseñanza :
  - *Retribuir*: Contribuir a la formación y tutoría de futuras enfermeras.
  - *Satisfacción profesional*: El placer de ver a los alumnos desarrollarse y tener éxito.
  - *Estimulación intelectual*: Mantenerse al día de las últimas investigaciones y avances en el campo.
- Habilidades y cualidades requeridas:
  - *Excelencia clínica*: Sólida experiencia y profundo conocimiento de la especialidad.
  - *Habilidades docentes*: Saber transmitir los conocimientos de forma eficaz.
  - *Paciencia y empatía*: Comprender las necesidades individuales de los alumnos y adaptarse a su ritmo de aprendizaje.
- Los diferentes itinerarios educativos :
  - *Docencia académica*: Docencia en instituciones de formación de enfermería o universidades.
  - *Formación clínica*: Supervisión y tutoría de los estudiantes durante sus prácticas de campo.
  - *Talleres y seminarios*: Organizar o participar en la formación continua de los profesionales en ejercicio.

- Preparar la transición :
    - *Formación del profesorado*: Adquisición de las competencias pedagógicas necesarias.
    - *Consiga un mentor*: Benefíciese de la experiencia y los consejos de un profesor experimentado.
    - *Familiarícese con el mundo académico*: Comprenda cómo funcionan las instituciones educativas y qué esperan de ellas.
- Los retos y las recompensas de la enseñanza :
    - *Gestionar la diversidad de los alumnos*: Cada estudiante es único, con sus propias fortalezas, debilidades y estilo de aprendizaje.
    - *Equilibrio entre docencia y práctica clínica*: Encontrar el equilibrio adecuado entre permanecer activo en la práctica clínica y dedicarse a la docencia.
    - *Las alegrías de enseñar*: Los momentos gratificantes cuando los alumnos tienen éxito y demuestran su competencia.
- Perspectivas de futuro :
    - *Progresión en la jerarquía académica*: Llegar a ser jefe de departamento o de programa.
    - *Contribución a la investigación en educación de enfermería*: Participar en estudios y publicaciones relacionados con la educación de enfermería.
    - *Desarrollo profesional continuo*: Siempre buscando mejorar los métodos y técnicas de enseñanza.

La transición de enfermera a docente es un camino gratificante que ofrece muchas oportunidades de crecimiento profesional. Al formar y guiar a la próxima generación, estas enfermeras educadoras desempeñan un papel esencial en la evolución y la mejora continua de la profesión enfermera.

La enfermera investigadora o consultora

Con la constante evolución de los conocimientos médicos, la necesidad de integrar la investigación en la práctica enfermera nunca ha sido tan crucial. Además, con la creciente complejidad de la asistencia sanitaria, cada vez hay más demanda de consultores especializados que orienten la práctica y la política. Por ello, las enfermeras expertas en alergia e inmunología pueden diversificarse como investigadoras o consultoras.

- La enfermera investigadora :
    - *Definición del puesto*: Dedicado al diseño, la realización y el análisis de estudios clínicos o fundamentales.
    - *Importancia de la investigación enfermera*: Contribuir a la base de conocimientos para mejorar la práctica clínica y los resultados de los pacientes.
    - *Oportunidades de investigación*: Estudios sobre la eficacia de las intervenciones, la calidad de la atención, la educación de los pacientes, etc.
    - *Colaboración interdisciplinar*: trabajar con médicos, farmacéuticos, biólogos y otros profesionales.
    - *Difusión de los resultados*: publicación en revistas especializadas, presentación en congresos, incorporación de los resultados a la formación continua.
- La enfermera asesora :
    - *Definición del papel*: Experiencia clínica avanzada para guiar prácticas, desarrollar protocolos o asesorar en situaciones clínicas complejas.

- *Áreas de consultoría*: Gestión de casos, políticas asistenciales, desarrollo de programas de educación del paciente.
- *Colaboración con otras instituciones*: hospitales, clínicas, instituciones educativas, empresas farmacéuticas.
- *Formación continua*: actualiza constantemente sus conocimientos para ofrecer un asesoramiento basado en las pruebas más recientes.

- Formación y competencias requeridas :
  - *Formación especializada* : Titulación superior en investigación, epidemiología, bioestadística u otros campos pertinentes.
  - *Capacidad analítica*: Capacidad para diseñar estudios, analizar datos y evaluar la literatura científica.
  - *Comunicación eficaz*: Capacidad para presentar información con claridad, redactar artículos y colaborar con otros profesionales.

- Retos y premios :
  - *La necesidad de un pensamiento crítico*: cuestionar constantemente las prácticas establecidas y buscar mejoras.
  - *Equilibrar varios papeles*: Navegar entre la investigación, la consulta, el trabajo clínico y, a veces, la docencia.
  - *Impacto duradero*: La satisfacción de contribuir a la mejora de los cuidados, al desarrollo de la profesión y a una mejor calidad de vida de los pacientes.

- Perspectivas de futuro :
  - *Oportunidades de liderazgo*: Asumir funciones de liderazgo en instituciones de investigación, asociaciones profesionales u organizaciones sanitarias.
  - *Ampliar el campo de la consulta*: A medida que evoluciona la medicina, surgen nuevos

nichos de especialización que requieren consultores especializados.

- *Contribución a la política sanitaria*: Utilización de su experiencia para influir en la política y la práctica a nivel nacional o internacional.

La enfermera investigadora o consultora desempeña un papel crucial al combinar una profunda experiencia clínica con una amplia visión de la asistencia sanitaria. Al abordar los retos con un enfoque basado en la evidencia, contribuyen a dar forma al futuro de la enfermería y a mejorar la calidad de los cuidados para todos los pacientes.

Habilidades y formación adicional para la progresión profesional

El mundo de la sanidad cambia constantemente y las enfermeras de alergología e inmunología deben desarrollarse y adaptarse constantemente. La progresión profesional a menudo requiere habilidades y formación adicionales para satisfacer las demandas cambiantes del entorno y para pasar a puestos de mayor responsabilidad o especialización.

- Formación avanzada :
  - *Máster y doctorado en enfermería*: Estos programas ofrecen una formación en profundidad en investigación, liderazgo y educación.
  - *Certificaciones especializadas* : Las certificaciones en alergología, inmunología u otros campos relacionados pueden añadir un reconocimiento formal a la experiencia específica.

140

- *Cursos breves y talleres*: Pueden abarcar nuevas técnicas, tecnologías emergentes o temas específicos como la ética médica o la gestión del estrés.
- Capacidad de liderazgo y gestión :
    - *Gestión de equipos*: Saber motivar, dirigir y gestionar un equipo de enfermeras o profesionales sanitarios.
    - *Gestión de proyectos*: Planificación, ejecución y evaluación de iniciativas asistenciales o proyectos de investigación.
    - *Toma de decisiones estratégicas*: Capacidad para ver el panorama general y tomar decisiones informadas por el bien de la institución o el departamento.
- Habilidades de comunicación :
    - *Presentación y formación*: Capacidad para enseñar, presentar conferencias o impartir cursos de formación.
    - *Negociación*: Saber comunicarse eficazmente para obtener recursos o colaborar con otros departamentos.
    - *Comunicación intercultural*: Con la globalización de la sanidad, es crucial comprender e interactuar eficazmente con personas de diferentes culturas.
- Competencias tecnológicas :
    - *Informática médica*: dominio de los sistemas de información sanitaria, historias clínicas electrónicas y tecnologías relacionadas.
    - *Telemedicina*: Comprender y utilizar eficazmente las tecnologías de atención a distancia, especialmente con el desarrollo de las consultas a distancia.
    - *Análisis de datos* : Con la creciente importancia de los datos en la atención sanitaria, la capacidad de analizarlos e interpretarlos es esencial.

- Desarrollo personal y bienestar :
  - *Gestión del estrés*: Aprender técnicas para gestionar el estrés inherente a la profesión.
  - *Capacidad de recuperación*: Capacidad para recuperarse de pruebas o desafíos.
  - *Trabajo en red*: Establezca relaciones profesionales dentro y fuera de su especialidad para ampliar sus horizontes y aprovechar nuevas oportunidades.

La progresión profesional de una enfermera en Alergología e Inmunología no se limita al dominio de las habilidades clínicas. Abarca una amplia gama de habilidades interpersonales, tecnológicas y de gestión. Invirtiendo continuamente en el desarrollo profesional y buscando oportunidades educativas, la enfermera no sólo puede sobresalir en su función actual, sino también allanar el camino hacia oportunidades más amplias de liderazgo e impacto en el mundo sanitario.

Capítulo 13

REVISIÓN
Y
PERSPECTIVAS

¿Cuál es la situación actual de la alergología y la inmunología?

La alergología y la inmunología, dos disciplinas estrechamente relacionadas, han experimentado grandes avances en las últimas décadas y su importancia ha aumentado en el contexto médico actual. Se encuentran en la vanguardia de la medicina moderna, respondiendo a los complejos retos sanitarios y a las crecientes necesidades de atención especializada.

- Aumento de los casos de alergia:
  - En el mundo industrializado estamos asistiendo a un aumento significativo de las enfermedades alérgicas. Las alergias respiratorias, alimentarias y cutáneas se han vuelto más comunes, y los estudios sugieren que los factores medioambientales, el estilo de vida e incluso la microbiota intestinal pueden desempeñar un papel en esta tendencia.
- Avances en la comprensión inmunológica :
  - La era moderna de la inmunología ha sido testigo de notables descubrimientos sobre el funcionamiento del sistema inmunológico. La investigación sobre las células T y B, las citocinas y los mecanismos de la autoinmunidad ha permitido comprender mejor las enfermedades inmunológicas.
- Inmunoterapias avanzadas :
  - El desarrollo de tratamientos innovadores, como las terapias CAR-T para ciertos tipos de cáncer o los inhibidores de puntos de control inmunitario, ha revolucionado el tratamiento de enfermedades que antes se consideraban incurables.

- Tratamiento personalizado :
  - Gracias a la era de la medicina genómica, los tratamientos pueden adaptarse a la genética y al perfil inmunológico de cada paciente, ofreciendo enfoques más específicos y eficaces.
- Interconexión con otras especialidades :
  - La alergología y la inmunología tienen ramificaciones en otros campos médicos, como la dermatología, la neumología, la gastroenterología y la reumatología, por nombrar sólo algunos. Esta convergencia permite enfoques terapéuticos multidisciplinares.
- Retos persistentes :
  - A pesar de estos avances, siguen existiendo retos. La creciente prevalencia de alergias y enfermedades autoinmunes, asociadas a factores ambientales y genéticos, exige una investigación constante para comprender estos fenómenos.
- Impacto de la pandemia de COVID-19 :
  - La pandemia ha puesto de relieve la importancia crucial de la inmunología. La comprensión de la respuesta inmunitaria al virus, el desarrollo de vacunas en un tiempo récord y la gestión de las complicaciones inmunológicas asociadas a la enfermedad han reforzado la importancia de esta especialidad.
- Tecnologías emergentes :
  - La integración de la inteligencia artificial, la bioinformática y las tecnologías de secuenciación de nueva generación promete revolucionar la forma en que comprendemos y tratamos las enfermedades alérgicas e inmunológicas.

- Educación y sensibilización :
  - Se ha vuelto imperativo educar al público en general sobre las alergias, la importancia de las vacunas y la comprensión de los mecanismos inmunológicos para combatir la desinformación y promover la prevención.

La alergología y la inmunología se encuentran en una encrucijada apasionante, que combina ciencia de vanguardia, tratamientos innovadores y una importancia clínica creciente. Con la rápida evolución de la ciencia y la tecnología, el futuro de estas disciplinas es prometedor, aunque también está plagado de retos que requerirán perseverancia, innovación y colaboración.

Retos futuros de la especialidad y para las enfermeras

La alergología y la inmunología, como la mayoría de las disciplinas médicas, están en constante evolución. Estas especialidades están en el centro de numerosos debates y descubrimientos médicos, y se enfrentan a importantes retos de cara al futuro. Como eslabón esencial de la cadena sanitaria, las enfermeras se verán directamente afectadas y tendrán que adaptarse a estos retos.

- Aumentar la atención a las alergias :
  - Con el aumento mundial de los casos de alergia, la demanda de especialistas y enfermeras formados en alergología seguirá creciendo. Esto significa una mayor carga de trabajo, pero también la necesidad de formación continua para mantenerse al día.
- Desarrollos tecnológicos :
  - La tecnología está transformando la medicina. La adopción de la telemedicina, la

146

realidad virtual para la educación de los pacientes y las aplicaciones móviles para el seguimiento de los tratamientos son elementos a los que las enfermeras tendrán que acostumbrarse.

- Complejidad de los nuevos tratamientos :
    - Con la llegada de las terapias génicas, las biotecnologías y las inmunoterapias sofisticadas, las enfermeras tendrán que conocer a fondo estos tratamientos para poder administrarlos con seguridad y educar a los pacientes.
- Educación y prevención :
    - La importancia de prevenir las alergias y las enfermedades autoinmunes exigirá que las enfermeras desempeñen un papel cada vez más importante en la educación de los pacientes y del público en general.
- Colaboración interdisciplinar :
    - Dado que la Alergología y la Inmunología están cada vez más interconectadas con otras especialidades, las enfermeras tendrán que trabajar en estrecha colaboración con profesionales de otras disciplinas, lo que requerirá habilidades de comunicación y coordinación.
- Ética y consentimiento informado :
    - Los tratamientos futuros, en particular los que modifican genéticamente las células del paciente, plantearán cuestiones éticas. Será necesario formar a las enfermeras para que discutan estas cuestiones con los pacientes y obtengan el consentimiento informado.
- Investigación clínica :
    - No se puede subestimar la importancia de la investigación en el desarrollo de la especialidad. Las enfermeras podrían desempeñar un papel más activo, no sólo

administrando tratamientos experimentales, sino también participando en el diseño y la realización de estudios clínicos.

- Desafíos globales y medioambientales:
  - El cambio climático, la contaminación y otros retos medioambientales están influyendo en la incidencia de las enfermedades alérgicas y autoinmunes. Las enfermeras deben ser conscientes de estos factores para adaptar sus cuidados y consejos.
- Apoyo emocional y psicológico :
  - Los pacientes con alergias graves o enfermedades autoinmunes pueden enfrentarse a importantes retos emocionales. Las enfermeras tendrán que reforzar sus habilidades de apoyo psicológico.
- Formación continua :
  - Dados los rápidos cambios que se están produciendo en la medicina, la formación continua será esencial para garantizar que las enfermeras sigan siendo competentes y estén al día.

La alergología y la inmunología, como cualquier campo médico en rápida evolución, ofrecen tanto oportunidades como retos para las enfermeras. Anticipándose a estos problemas y adaptándose de forma proactiva, las enfermeras pueden garantizar unos cuidados óptimos a sus pacientes al tiempo que mejoran sus propias carreras.

Integración de nuevas tecnologías y enfoques

En la intersección de la ciencia, la medicina y la tecnología, la Alergología y la Inmunología han sido testigos de una transformación sin precedentes. Las enfermeras, al estar en la vanguardia de la atención al paciente, desempeñan un papel central en la integración y adopción de estos avances. Comprender cómo estas nuevas tecnologías y enfoques están dando forma a la práctica diaria es esencial para una atención óptima al paciente.

- Telemedicina y consultas a distancia :
  - **Definición**: Uso de las tecnologías de la comunicación para proporcionar asistencia a distancia.
  - **Aplicaciones en alergología e inmunología**: seguimiento de pacientes, interpretación de pruebas a distancia, educación y asesoramiento.
  - **Ventajas**: Flexibilidad, accesibilidad para pacientes remotos, reducción de costes.
  - **Retos**: Confidencialidad, calidad de la interacción paciente-cuidador, limitaciones técnicas.
- Aplicaciones móviles y dispositivos de mano :
  - **Monitorización en tiempo real**: Dispositivos que controlan y registran parámetros fisiológicos, como los niveles de oxígeno, la frecuencia cardiaca o los desencadenantes de alergias.
  - **Cumplimiento del tratamiento**: Aplicaciones que recuerdan a las personas que deben tomar su medicación, seguir dietas o planes de acción para las convulsiones.
  - **Educación e información**: aplicaciones que proporcionan información actualizada sobre alergias, alertas de polen o nuevos descubrimientos en inmunología.
- Realidad aumentada y virtual:
  - **Formación y educación**: Simulación de situaciones clínicas para formar a enfermeras o educar a pacientes.

- **Guía de procedimientos**: Se utiliza en tiempo real para guiar determinados procedimientos o pruebas.
- Inteligencia Artificial (IA) y Aprendizaje Automático:
  - **Diagnóstico asistido**: Análisis de síntomas, datos clínicos y resultados de pruebas para sugerir posibles diagnósticos.
  - **Tratamiento personalizado**: La IA puede ayudar a predecir la respuesta de un paciente a un tratamiento específico o anticipar los efectos secundarios.
- Genómica y medicina personalizada :
  - **Pruebas genéticas**: para identificar predisposiciones genéticas a alergias o enfermedades autoinmunes.
  - **Tratamiento dirigido**: Adaptar los tratamientos al perfil genético del paciente.
- Enfoques colaborativos e interdisciplinarios :
  - **Plataformas en línea**: Facilitan la comunicación entre especialistas, enfermeras, médicos de cabecera y otros profesionales sanitarios.
  - **Bases de datos centralizadas**: recopilación y análisis de los datos de los pacientes para mejorar los protocolos de tratamiento y seguimiento.
- Formación y actualizaciones :
  - **E-learning**: Uso de plataformas en línea para la formación continua de enfermeras.
  - **Seminarios web y conferencias virtuales**: Acceda a las últimas investigaciones y debates del sector sin estar físicamente presente.

Las nuevas tecnologías y enfoques ofrecen soluciones prometedoras, pero requieren una formación adecuada y una reflexión ética. Para los enfermeros, ofrecen la oportunidad de mejorar la calidad de los cuidados, optimizar el tiempo y mejorar sus competencias profesionales.

Consejos para enfermeras que inician su carrera en esta especialidad

Aventurarse en el campo especializado de la Alergología y la Inmunología puede parecer desalentador al principio, pero es una oportunidad apasionante para ampliar sus conocimientos, diversificar sus habilidades y tener un impacto significativo en la vida de los pacientes. He aquí algunos consejos para quienes inician su camino:

- Formación continua :
    - **Actualizaciones periódicas**: el mundo de la alergia y la inmunología cambia rápidamente. Asegúrese de estar al día de los últimos avances y recomendaciones.
    - **Talleres y conferencias**: Participe en cursos de formación específicos para mejorar sus habilidades prácticas.
- Tutoría :
    - **Encuentre un mentor**: beneficiarse de la experiencia de una enfermera veterana puede ser inestimable. Puede orientarle, responder a sus preguntas y ofrecerle apoyo moral.
- Red profesional :
    - **Unirse a asociaciones** : Las asociaciones profesionales pueden ofrecer oportunidades de formación, creación de redes y acceso a recursos valiosos.
    - **Hable con sus compañeras**: Hablar con otras enfermeras puede ayudarle a compartir experiencias, consejos y sugerencias.

- Enfoque centrado en el paciente :
  - **Desarrolle sus habilidades comunicativas**: la escucha activa, la empatía y la capacidad de explicar la información médica con claridad son esenciales.
  - **Educación del paciente**: Aprenda a educar a sus pacientes sobre su enfermedad, los tratamientos y la prevención.
- Gestión del estrés :
  - **Cuídese**: El agotamiento es real. Aprenda a reconocer las señales y tómese descansos cuando lo necesite.
  - **Pida ayuda**: Si se siente abrumado, hable con un supervisor o mentor.
- Organización y eficacia :
  - **Gestión del tiempo**: Con la cantidad de pacientes y responsabilidades, es crucial gestionar bien su tiempo.
  - **Documentación precisa**: Asegúrese de que todos los cuidados e interacciones se documentan de forma precisa y exhaustiva.
- Ética profesional :
  - **Confidencialidad**: Respete siempre la confidencialidad del paciente.
  - **Integridad**: actúe siempre en el mejor interés del paciente y de acuerdo con las directrices médicas.
- Adaptabilidad :
  - **Adopte la tecnología**: Con la llegada de las nuevas tecnologías, es esencial ser flexible y aprender a utilizar las nuevas herramientas.
- Perspectivas a largo plazo :
  - **Planifique su carrera**: piense dónde quiere estar dentro de 5, 10 o 15 años. Considere otras formaciones o especializaciones si le interesan.

- Pasión y dedicación:
  - **Recuerde su motivación**: Llegarán días difíciles, pero recordar por qué eligió este camino puede ayudarle a perseverar.

Empezando con determinación, una mente abierta y sed de aprendizaje, los enfermeros especializados en alergia e inmunología pueden prosperar en una carrera que es gratificante e impactante.

Capítulo 14

INTERACCIÓN CON OTRAS ESPECIALIDADES MÉDICAS

Colaboración con Dermatología

La Alergología y la Inmunología comparten una fascinante interfaz con la Dermatología, especialmente cuando se consideran las enfermedades cutáneas de origen alérgico o inmunológico. Esta interacción multidisciplinar no sólo es crucial para un diagnóstico preciso, sino también para proporcionar una atención integrada y completa al paciente.

- Intersecciones de especialidades :
    - **Etiología de los trastornos cutáneos** : Muchas afecciones cutáneas, como el eccema, la urticaria y la psoriasis, tienen un componente alérgico o inmunológico. Comprender estos vínculos puede facilitar el diagnóstico y el tratamiento.
    - **Manifestaciones cutáneas de las alergias sistémicas**: Algunas alergias alimentarias o medicamentosas pueden causar síntomas dermatológicos.
- El papel de la enfermera especializada en alergia e inmunología :
    - **Interpretación de las pruebas cutáneas**: La enfermera suele participar en la administración e interpretación de las pruebas cutáneas, por lo que debe colaborar estrechamente con los dermatólogos.
    - **Educación del paciente**: Informe a los pacientes sobre los vínculos entre sus síntomas cutáneos y posibles alergias o desequilibrios inmunitarios.
- Colaboración en el diagnóstico :
    - **Compartir información**: Los alergólogos e inmunólogos pueden proporcionar información valiosa sobre los antecedentes alérgicos de un

paciente, ayudando a los dermatólogos a identificar una posible etiología.

- **Dermatosis de origen inmunológico**: Enfermedades como el lupus eritematoso sistémico y la esclerodermia requieren conocimientos conjuntos de dermatología e inmunología.
- Tratamiento conjunto :
  - **Terapias tópicas y sistémicas**: Para algunas afecciones, puede ser necesario un tratamiento tanto tópico (dermatológico) como sistémico (alergológico o inmunológico).
  - **Seguimiento de los efectos secundarios**: Algunos tratamientos inmunosupresores utilizados en dermatología requieren un seguimiento inmunológico.
- Estudios de casos y revisiones :
  - **Reuniones multidisciplinares**: Los casos complejos pueden beneficiarse de reuniones conjuntas para discutir las mejores estrategias de gestión.
  - **Intercambios sobre las últimas investigaciones**: los avances en un área pueden influir en las prácticas de otra.
- Formación y sensibilización :
  - **Programas de formación conjuntos**: Se pueden organizar talleres o cursos de formación conjuntos para informar mejor sobre las intersecciones entre ambas especialidades.
  - **Sensibilizar a la opinión pública**: Informar al público sobre los vínculos entre las alergias, la inmunología y los trastornos cutáneos.
- Perspectivas de futuro :
  - **Investigación en colaboración**: La investigación interdisciplinar puede conducir a nuevos descubrimientos y mejoras en el

tratamiento de las afecciones cutáneas de origen alérgico o inmunológico.

- **Desarrollo de terapias combinadas**: En el futuro podrían desarrollarse tratamientos que combinen la experiencia en alergología, inmunología y dermatología.

La estrecha colaboración entre Alergología, Inmunología y Dermatología no sólo es deseable sino a menudo necesaria para garantizar una atención integral al paciente. Para la enfermera, esta colaboración se traduce en una mejor comprensión, una mejor formación y, en última instancia, una atención más completa para el paciente.

Interacciones con la respirología

La alergología y la inmunología tienen estrechos vínculos con la respirología, ya que muchas enfermedades respiratorias tienen un origen alérgico o inmunológico. Comprender estas interacciones es vital para diagnosticar, tratar y gestionar las enfermedades pulmonares asociadas.

- Intersecciones de especialidades :
  - **Origen de las enfermedades respiratorias**: Enfermedades como el asma, la bronquitis alérgica y ciertas neumonías tienen claros componentes alérgicos o inmunológicos.
  - **Manifestaciones respiratorias de los trastornos inmunológicos**: Ciertas enfermedades inmunológicas pueden tener consecuencias pulmonares, como en el caso de la sarcoidosis.
- El papel de la enfermera especializada en alergia e inmunología :
  - **Interpretación de las pruebas de función pulmonar**: las enfermeras suelen

desempeñar un papel en la administración de pruebas como la espirometría, por lo que deben colaborar estrechamente con los neumólogos.

- **Educación del paciente**: Los pacientes deben ser informados de la relación entre sus síntomas respiratorios y posibles alergias o desequilibrios inmunitarios.
- Colaboración en el diagnóstico :
  - **Compartir información**: Los alergólogos e inmunólogos pueden ofrecer información valiosa sobre los antecedentes alérgicos de un paciente, iluminando a los neumólogos sobre una posible etiología.
  - **Enfermedades pulmonares de origen inmunológico**: El tratamiento de enfermedades como la neumonía intersticial vinculada a una enfermedad autoinmune requiere conocimientos tanto de neumología como de inmunología.
- Tratamiento conjunto :
  - **Terapias inhaladas y sistémicas**: Enfermedades como el asma pueden requerir una combinación de tratamientos inhalados y sistémicos.
  - **Seguimiento de los efectos secundarios**: Ciertos tratamientos inmunomoduladores utilizados para las enfermedades pulmonares pueden requerir un seguimiento inmunológico.
- Estudios de casos y revisiones :
  - **Reuniones multidisciplinares**: Los casos complejos pueden beneficiarse de discusiones conjuntas para desarrollar las mejores estrategias de gestión.
  - **Intercambios sobre las últimas investigaciones**: los avances en un campo

pueden influir directamente en las prácticas de otro.

- Formación y sensibilización :
  - **Programas de formación conjunta**: Se pueden organizar seminarios o talleres para mejorar el intercambio de conocimientos entre la neumología y la alergología-inmunología.
  - **Sensibilizar a la población**: educar al público sobre la relación entre las alergias, la inmunología y las enfermedades pulmonares.
- Perspectivas de futuro :
  - **Investigación en colaboración**: La investigación conjunta puede conducir a nuevos métodos para diagnosticar o tratar enfermedades respiratorias relacionadas con alergias o trastornos inmunológicos.
  - **Terapias innovadoras**: Las terapias futuras podrían beneficiarse de la experiencia combinada de neumólogos, alergólogos e inmunólogos.

La simbiosis entre la Respirología, la Alergología y la Inmunología es fundamental para una atención óptima al paciente. La enfermera, en la encrucijada de estas especialidades, es un eslabón esencial que facilita la comunicación y la coordinación de los cuidados entre los distintos agentes médicos.

Trabajar con la gastroenterología para alergias alimentarias

La alergia alimentaria es un área en la que la alergia y la gastroenterología se entrecruzan estrechamente. Los síntomas de una alergia alimentaria pueden manifestarse tanto en el aparato digestivo como a otros niveles del organismo. Por lo tanto, la colaboración entre alergólogos, inmunólogos y gastroenterólogos es esencial si se quiere tratar a los pacientes de forma integral.

- Antecedentes de las alergias alimentarias :
  - **Síntomas**: Los síntomas de una alergia alimentaria pueden ser variados, desde un simple picor en la boca hasta problemas digestivos e incluso un shock anafiláctico.
  - **Frecuencia**: Con el aumento de los casos de alergia alimentaria, la necesidad de un enfoque multidisciplinar se ha hecho más acuciante.
- Diagnóstico conjunto :
  - **Historial detallado**: La enfermera desempeña un papel crucial en la recopilación de información precisa sobre los hábitos alimentarios del paciente y los síntomas asociados.
  - **Pruebas de alergia**: Realizadas por el alergólogo para determinar los alérgenos específicos.
  - **Exámenes gastroenterológicos**: realizados por el gastroenterólogo para identificar y evaluar cualquier daño o inflamación del aparato digestivo.
- Estrategias de procesamiento colaborativo :
  - **Evitación**: Evitar el alérgeno en cuestión suele ser el primer paso del tratamiento.
  - **Medicación**: Antihistamínicos, corticoides u otros para tratar los síntomas. En caso de trastornos digestivos graves, pueden ser necesarios tratamientos gastroenterológicos específicos.
  - **Educación terapéutica**: Los pacientes necesitan aprender a reconocer y evitar los alimentos potencialmente peligrosos, así como a manejar las situaciones de emergencia.

- Enfoques interdisciplinarios :
  - **Estudio conjunto de casos**: Discusión de casos complejos entre especialistas para desarrollar estrategias de gestión óptimas.
  - **Investigación y estudios**: Colabore en estudios clínicos o investigaciones para comprender mejor los mecanismos de las alergias alimentarias y desarrollar nuevos métodos de tratamiento.
- La importancia de la comunicación :
  - **Intercambio de información**: Asegurar una comunicación fluida entre alergólogos, gastroenterólogos y enfermeras para garantizar que se abordan todas las preocupaciones de los pacientes.
  - **Coordinación de los cuidados**: Como coordinadora de los cuidados, la enfermera se asegura de que el paciente reciba una atención integral.
- Formación continua :
  - **Educación conjunta**: La formación y los talleres para profesionales pueden ayudarles a comprender mejor las complejidades de las alergias alimentarias y sus manifestaciones gastrointestinales.
  - **Actualización de conocimientos**: Con los avances en la investigación, los enfoques del tratamiento están evolucionando.
- Perspectivas de futuro :
  - **Terapias innovadoras**: A medida que avance la investigación, podrían surgir nuevos tratamientos para las alergias alimentarias, que requerirán una estrecha colaboración entre especialidades para su aplicación.

El vínculo entre la alergia y la gastroenterología en el contexto de las alergias alimentarias es innegable. Las enfermeras, con su papel central en la coordinación y la comunicación, son esenciales para garantizar una atención eficaz e integral a los pacientes afectados por estas alergias.

Alergología e inmunología en entornos pediátricos

El cuidado de los niños con trastornos alérgicos e inmunológicos presenta retos y matices específicos. Los niños no son simplemente "pequeños adultos"; su sistema inmunológico aún se está desarrollando, sus hábitos alimentarios difieren y su entorno (en particular la escuela) impone limitaciones particulares.

*   Especificidades pediátricas :
    *   **Sistema inmunitario en desarrollo**: En los niños, el sistema inmunitario aún está madurando, lo que a veces dificulta el diagnóstico y el tratamiento.
    *   **Diferente presentación clínica**: Los síntomas de las alergias y los trastornos inmunitarios pueden variar en función de la edad del paciente.
*   Alergias comunes en los niños :
    *   **Alergias alimentarias**: Alergias a la leche, los huevos, los cacahuetes y otros.
    *   **Alergias respiratorias**: asma, rinitis alérgica vinculada en particular a los ácaros del polvo doméstico o al polen.
    *   **Eccema atópico: una** afección cutánea frecuente en los niños pequeños.
*   Pruebas y diagnósticos específicos de pediatría :
    *   **Adaptación de las pruebas cutáneas**: Tenga en cuenta la sensibilidad de la piel de los niños.

- **Interpretación de los análisis de sangre**: Los valores normales pueden diferir según la edad.
- Enfoques terapéuticos :
  - **Medicamentos** : Adaptación de las dosis, teniendo en cuenta las formas pediátricas.
  - **Inmunoterapia**: Determinación de la edad adecuada para empezar, estrecha vigilancia de los efectos secundarios.
  - **Educación terapéutica**: adaptar la información a la edad del niño, implicar a la familia.
- Desafíos psicosociales :
  - **Adaptación a la escuela**: Trabajar con las escuelas para garantizar la seguridad de los niños (alergias alimentarias, asma).
  - **Apoyo psicológico**: Ayudar a los niños a gestionar el miedo, la ansiedad y el estigma asociados a su enfermedad.
- Trabajar con la familia :
  - **Educación de los padres**: Proporcionar recursos y formación para ayudar a los padres a gestionar la enfermedad de su hijo en el día a día.
  - **Plan de acción en caso de emergencia**: Asegúrese de que los padres, cuidadores y profesores estén bien informados y equipados.
- Transición a la atención de adultos :
  - **Preparación y educación**: Preparar a los adolescentes para que gestionen su enfermedad de forma independiente.
  - **Coordinación con los servicios para adultos**: Garantizar una transición fluida a otro especialista cuando el niño alcance la edad adulta.

- La investigación y el futuro :
  - **Estudios pediátricos**: Destaque la importancia de la investigación específica para la población pediátrica.
  - **Nuevos tratamientos y enfoques**: Seguimiento de los avances en la investigación para ofrecer a los niños las mejores opciones de tratamiento.

La alergología y la inmunología pediátricas requieren un profundo conocimiento de las características específicas de los niños y una estrecha colaboración con su entorno familiar y escolar. La enfermera desempeña un papel crucial en estos cuidados, actuando como enlace entre médicos, padres, educadores y, por supuesto, los propios pacientes jóvenes.

Capítulo 15

ASPECTOS NUTRICIONALES EN ALERGOLOGÍA

El impacto de la nutrición sobre el sistema inmunitario

La nutrición desempeña un papel esencial en el mantenimiento de la salud y el bienestar. Influye en muchos aspectos de la fisiología humana, incluido el sistema inmunológico. Una nutrición adecuada puede reforzar las defensas naturales del organismo, mientras que la desnutrición puede debilitarlas, haciendo al individuo más susceptible a las infecciones y otras dolencias.

- Principios fundamentales de la nutrición :
    - **Macronutrientes** : Proteínas, grasas, carbohidratos - su papel e importancia.
    - **Micronutrientes** : Vitaminas y minerales esenciales para el funcionamiento óptimo del sistema inmunitario.
- Inmunidad y nutrición :
    - **Apoyo a la inmunidad innata**: cómo influye la nutrición en las barreras físicas como la piel y las mucosas.
    - **Apoyo a la inmunidad adaptativa**: El papel de los nutrientes en la proliferación y función de las células T y B.
- Vitaminas y minerales clave para la inmunidad :
    - **Vitamina C**: Importancia para la salud de las células inmunitarias, fuentes dietéticas y recomendaciones.
    - **Vitamina D**: Papel en la modulación de la inmunidad innata y adaptativa, fuentes y recomendaciones.
    - **Zinc**: Apoyo a la función de las células inmunitarias, signos de deficiencia y fuentes dietéticas.

- **Selenio, hierro y cobre**: Su papel en la inmunidad y cómo incorporarlos a la dieta.
- Alimentos y compuestos beneficiosos :
  - **Probióticos y prebióticos**: su papel en el apoyo a la salud intestinal y la inmunidad.
  - **Antioxidantes** : Cómo protegen las células contra el daño oxidativo.
  - **Alimentos antiinflamatorios**: Los beneficios del omega-3, la cúrcuma y otros compuestos.
- Malnutrición e inmunidad :
  - **Efectos de la malnutrición**: cómo una ingesta nutricional inadecuada debilita el sistema inmunológico.
  - **Grupos de riesgo**: Niños, ancianos, personas con enfermedades crónicas.
- Dietas específicas e inmunidad :
  - **Dieta mediterránea, vegetariana y cetogénica**: Beneficios y precauciones para la salud inmunológica.
- Interacciones medicamentosas y nutrición :
  - **Fármacos inmunosupresores**: cómo pueden afectar a las necesidades nutricionales.
  - Interacciones entre medicamentos y alimentos: Qué hay que vigilar y qué hay que evitar.
- Consejos prácticos para un sistema inmunológico más fuerte :
  - **Planificación de comidas**: Incluya alimentos ricos en nutrientes para favorecer la inmunidad.
  - **Suplementos** : ¿Cuándo son necesarios? Precauciones a tomar.

Comprender la relación entre nutrición e inmunidad es crucial para cualquiera que trabaje en el campo de la medicina. Una dieta equilibrada y rica en nutrientes es una de las claves para mantener un sistema inmunológico robusto, ayudando a prevenir enfermedades y a promover una rápida recuperación cuando éstas se producen. Para las enfermeras de Alergia e Inmunología, este conocimiento puede ser especialmente relevante a la hora de proporcionar educación terapéutica al paciente.

Dietética para alérgicos

La alergia alimentaria es una reacción adversa del sistema inmunitario a un alimento o componente alimentario, normalmente una proteína. El tratamiento dietético de los pacientes alérgicos es fundamental para prevenir las reacciones, garantizar un crecimiento y desarrollo adecuados y mantener una calidad de vida satisfactoria. Para las enfermeras especializadas en alergias, tener unos conocimientos básicos de dietética puede ser muy valioso a la hora de educar y apoyar a los pacientes.

- Comprender los alérgenos alimentarios más comunes:
  - **Los "Ocho Grandes"**: Los ocho principales alérgenos que provocan la mayoría de las reacciones alérgicas: leche, huevos, cacahuetes, frutos secos, soja, trigo, pescado y marisco.
  - **Otros alérgenos**: semillas de sésamo, mostaza, sulfitos y otros.
- Diagnosticar una alergia alimentaria:
  - **Síntomas comunes**: Urticaria, edema, trastornos gastrointestinales, anafilaxia.
  - **Pruebas diagnósticas**: pruebas cutáneas, análisis de sangre, dieta de evitación.
- Consejos dietéticos para evitar los alérgenos:
  - **Lectura de etiquetas**: Identifique los ingredientes potencialmente alergénicos.

- **Preparación de alimentos**: Evite la contaminación cruzada en casa.
- **Comer fuera**: Preguntas que debe hacer al restaurante, cuidado con los bufés.
- Sustitutos alimentarios para alérgenos comunes:
  - **Sustitutos lácteos**: Leches vegetales, productos sin lactosa.
  - **Sustitutos del huevo**: Salsa de manzana, tofu sedoso, mezclas comerciales.
  - **Sustitutos del gluten**: Harinas sin gluten, goma xantana y goma guar.
- Tratamiento nutricional de las alergias múltiples:
  - **Planificación de las comidas**: Garantizar una ingesta nutricional equilibrada a pesar de las restricciones.
  - **Suplementos**: ¿Cuándo son necesarios? Vitaminas, minerales.
- Apoyo emocional y psicológico:
  - **Vivir con restricciones**: aceptación, resiliencia, búsqueda de apoyo.
  - **Apoyo a los niños y sus familias**: talleres, grupos de apoyo, educación.
- Sensibilización y educación:
  - **Sensibilizar a la comunidad**: familia, escuela, lugar de trabajo.
  - **Educación sobre la anafilaxia**: reconocimiento de los síntomas, uso de epipens, plan de acción de emergencia.
- Tendencias actuales y avances en alergología alimentaria:
  - **Terapias emergentes**: Inmunoterapia oral, parches de exposición.
  - **Investigación y esperanzas de futuro**: Hacia una mejor comprensión y tratamientos más eficaces.

- Recursos y referencias para pacientes:
  - **Organizaciones de apoyo**: Asociaciones de alérgicos a los alimentos.
  - **Aplicaciones y herramientas en línea**: Ayuda para la gestión de las alergias y la educación.

Las enfermeras especializadas en alergia e inmunología desempeñan un papel esencial en la educación de los pacientes sobre la dietética relacionada con las alergias. Ayudarles a comprender sus alergias, evitar los alérgenos y controlar sus reacciones, al tiempo que se aseguran de que reciben una nutrición adecuada, es esencial para su bienestar general.

Suplementos e inmunoterapia

La interacción entre la nutrición, los suplementos y el sistema inmunológico es un área de investigación apasionante. Al mismo tiempo, la inmunoterapia, que modifica la respuesta inmunitaria para tratar o prevenir enfermedades, está revolucionando el tratamiento de las alergias y otras afecciones. Por lo tanto, las enfermeras de alergología e inmunología deben ser conscientes de las intersecciones entre estos dos campos.

- El impacto de la nutrición en la inmunidad:
  - **El papel de los nutrientes**: cómo influyen las vitaminas, los minerales y otros nutrientes en la función inmunitaria.
  - **Deficiencias nutricionales**: cómo pueden debilitar el sistema inmunológico y aumentar la susceptibilidad a las enfermedades.
- Suplementos de apoyo a la inmunidad:
  - **Vitamina C y zinc**: Su papel en el fortalecimiento de la barrera inmunológica.

- **Probióticos**: Cómo pueden modular la respuesta inmunitaria y su uso potencial en las alergias.
- **Omega-3**: Antiinflamatorios naturales y su impacto en las afecciones autoinmunes y alérgicas.
- **Selección y seguridad**: Cómo elegir un suplemento y las precauciones que debe tomar.
- Inmunoterapia con alérgenos:
  - **Principio básico**: exponer gradualmente al paciente al alérgeno para inducir tolerancia.
  - **Tipos de inmunoterapia**: sublingual, subcutánea, parches de exposición.
  - **Selección de pacientes**: ¿Quién puede beneficiarse de la inmunoterapia?
- Controlar los efectos secundarios y las reacciones:
  - **Efectos secundarios comunes**: Picor, hinchazón, reacciones más graves.
  - **Vigilancia e intervención**: El papel crucial de la enfermera en la detección y gestión de las reacciones.
- El futuro de la inmunoterapia:
  - **Nuevos objetivos**: Más allá de los alérgenos comunes, tratamientos para las alergias alimentarias graves.
  - **Enfoques personalizados**: adaptar los tratamientos en función de factores genéticos y ambientales.
- Suplementación durante la inmunoterapia:
  - **Interacciones potenciales**: Cómo pueden afectar ciertos suplementos a la eficacia de la inmunoterapia.
  - **Apoyo al sistema inmunitario**: Suplementos que podrían potenciar los beneficios de la inmunoterapia.

- El papel educativo de la enfermera:
  - **Educación del paciente**: Informe a los pacientes sobre la inmunoterapia, sus beneficios y riesgos, y la importancia de una suplementación adecuada.
  - **Sensibilizar a la opinión pública**: Promover una mejor comprensión de la inmunoterapia y la nutrición como herramientas en el tratamiento de las alergias.

La combinación de una suplementación adecuada y la inmunoterapia puede ofrecer un enfoque holístico para el tratamiento de las alergias y otras afecciones inmunológicas. Las enfermeras especializadas en alergia e inmunología están a la vanguardia para ayudar a los pacientes a navegar por estos tratamientos, proporcionando información, apoyo y atención especializada.

La influencia de las dietas actuales en las alergias

Los hábitos y las tendencias alimentarias han experimentado muchos cambios a lo largo de las décadas. Estos cambios, en combinación con otros factores, pueden influir en la incidencia y la gravedad de las alergias. Comprender esta relación es crucial para las enfermeras especializadas en alergia e inmunología, ya que ofrece ideas para la prevención y el tratamiento de las alergias alimentarias.

- La evolución de las dietas:
  - **Dietas industriales modernas**: Mayor consumo de alimentos procesados, aditivos, conservantes y productos químicos.

- **Dietas de moda**: de la dieta sin gluten a la vegana, pasando por la dieta paleo y la dieta cetogénica.
- Aditivos alimentarios y alergias:
  - **Colorantes y conservantes**: su papel potencial en la sensibilización y la reactividad alergénica.
  - **Emulsionantes y estabilizantes**: Cómo pueden afectar a la barrera intestinal y contribuir potencialmente a las reacciones alérgicas.
- La higiene excesiva y la microbiota intestinal:
  - **Teoría de la higiene**: Cómo vivir en ambientes demasiado limpios podría contribuir a un aumento de las alergias.
  - **Impacto de la dieta en la microbiota**: cómo influyen los alimentos que ingerimos en las bacterias intestinales y, en consecuencia, en nuestra respuesta inmunitaria.
- Alergias y dietas de eliminación:
  - **Dieta sin gluten**: repercusiones sobre la salud intestinal y la sensibilidad al trigo.
  - **Dietas sin lácteos**: sus efectos sobre la tolerancia a la lactosa y las alergias a las proteínas de la leche.
- Deficiencias nutricionales y sensibilidad alérgica:
  - **La vitamina D**: Su papel potencial en la modulación de la respuesta inmunitaria.
  - **Omega-3**: Cómo el consumo reducido de ácidos grasos omega-3 en las dietas modernas puede contribuir a las reacciones alérgicas.
- El papel educativo de la enfermera:
  - **Asesoramiento dietético para alérgicos**: educar sobre la importancia de leer las etiquetas, reconocer los alérgenos ocultos y

comprender las implicaciones de la elección de alimentos.

- **Promover una dieta equilibrada**: Fomentar una dieta rica en frutas, verduras, cereales integrales y fuentes variadas de proteínas para reforzar el sistema inmunológico.
- Recomendaciones para los pacientes:
  - **Pruebas de alergia alimentaria**: cuándo y cómo hacerlas, y su interpretación.
  - **Adaptar la dieta**: cómo evitar los alérgenos al tiempo que se garantiza una dieta equilibrada y nutritiva.

En última instancia, la dieta desempeña un papel crucial en la salud general y la función inmunitaria. Las enfermeras especializadas en alergia e inmunología tienen una oportunidad única de educar y guiar a los pacientes a través de las complejidades de las dietas modernas y su posible impacto en las alergias.

Capítulo 16

ENFOQUES ALTERNATIVOS Y COMPLEMENTARIOS

Medicina tradicional frente a las alergias e inmunodeficiencias

El enfoque de la medicina tradicional sobre las alergias y las inmunodeficiencias es una mezcla rica y variada de experiencias, creencias y métodos terapéuticos desarrollados a lo largo de siglos. Desde la medicina tradicional china hasta el ayurveda indio, estos sistemas ofrecen perspectivas complementarias, a veces utilizadas en tándem con la medicina moderna.

- Orígenes y filosofías:
    - **Medicina tradicional china (MTC)**: Basada en el concepto del equilibrio entre el Yin y el Yang y la circulación del Qi (energía vital).
    - **Ayurveda:** El antiguo sistema médico indio basado en el equilibrio de los tres doshas: vata, pitta y kapha.
    - **Medicina tradicional africana**: la importancia de los ancestros, los espíritus y las hierbas medicinales.
    - **Fitoterapia occidental**: Uso de plantas medicinales basado en la experiencia y la tradición.
- Enfoques de diagnóstico:
    - **El pulso y la lengua en la MTC**: Cómo la palpación del pulso y el examen de la lengua pueden indicar desequilibrios energéticos.
    - **Diagnóstico por observación en Ayurveda**: Examine la piel, los ojos, las uñas y otros signos físicos para determinar el dosha dominante y los desequilibrios.
- Tratamientos tradicionales de la alergia:
    - **Acupuntura y moxibustión**: El uso de agujas finas y calor para reequilibrar el Qi y tratar los síntomas alérgicos.

- **Hierbas y remedios:** Como la quercetina, la cúrcuma y otras plantas medicinales con propiedades antiinflamatorias y antihistamínicas.
- **Técnicas de respiración y meditación:** Ayudan a relajarse y a reducir el estrés, se utilizan a menudo en Ayurveda.
- **Masajes y terapias corporales:** Para estimular la circulación y facilitar la desintoxicación.
- Gestión de las inmunodeficiencias:
  - **Tónicos y adaptógenos:** Hierbas como el ginseng, la ashwagandha o la raíz de astrágalo para reforzar la inmunidad.
  - **Dietética tradicional:** Alimentos recomendados para reforzar el sistema inmunitario, como la sopa de pollo, el caldo de huesos o los alimentos fermentados.
  - **Prácticas y rituales espirituales:** Oraciones, meditaciones o rituales para equilibrar la mente y el cuerpo.
- Límites e interacciones:
  - **Interacciones medicamentosas:** Es importante ser consciente de las posibles interacciones entre los remedios tradicionales y los medicamentos modernos.
  - **Investigación y pruebas:** Aunque algunos métodos tradicionales están respaldados por la investigación moderna, otros requieren más estudio.
- La enfermera especializada en alergia e inmunología y la medicina tradicional:
  - **Comunicación abierta:** Animar a los pacientes a compartir los remedios tradicionales que utilizan.

- **Formación continua**: Mantenerse al día de las últimas investigaciones sobre los tratamientos tradicionales y su eficacia.

Al abrazar la riqueza de la medicina tradicional respetando al mismo tiempo los principios de la medicina moderna, las enfermeras de Alergia e Inmunología pueden ofrecer una atención holística y centrada en el paciente, atendiendo tanto sus necesidades físicas como emocionales.

Homeopatía y alergología

La homeopatía, una rama de la medicina alternativa que se originó en el siglo XVIII, se basa en el principio de "similia similibus curentur" o "lo semejante se cura con lo semejante". En la alergia, este enfoque tiene cierto interés, ya que los síntomas alérgicos son a menudo el resultado de la reacción del organismo a sustancias que, en concentraciones más elevadas, podrían causar síntomas similares en una persona sana.

- Fundamentos de la homeopatía:
  - **La ley de los similares**: La base filosófica que subyace al principio de que las sustancias que provocan síntomas en una persona sana pueden, en dosis infinitesimales, curar síntomas similares en una persona enferma.
  - **Dilución y dinamización**: El proceso único de preparación de los remedios homeopáticos, en el que la sustancia original se diluye secuencialmente y se agita enérgicamente o se "dinamiza".
- La homeopatía en el tratamiento de las alergias:
  - **Allium cepa**: Se utiliza a menudo para tratar los síntomas de la fiebre del heno parecidos a

los causados por la exposición a la cebolla, como los ojos llorosos.

- **Apis mellifica: Para las** reacciones alérgicas que se asemejan a las picaduras de abeja, con hinchazón y picor.
- **Eufrasia:** Para los síntomas oculares propensos a las alergias.

- Estudios y eficacia:
  - **Investigación actual**: Aunque algunos estudios sugieren que la homeopatía puede ser eficaz para ciertas afecciones alérgicas, la metodología y los resultados suelen seguir siendo controvertidos.
  - **El placebo y el efecto de la homeopatía**: Discusión del argumento frecuente de que el efecto de la homeopatía puede ser principalmente placebo.

- Las enfermeras y la homeopatía:
  - **Escucha y franqueza**: Es esencial escuchar a los pacientes que deciden seguir un tratamiento homeopático e informarles de los beneficios y las limitaciones.
  - **Interacciones e integración**: Asegúrese de que los tratamientos homeopáticos no contradicen otros tratamientos médicos.

- Críticas y debates actuales:
  - **Escepticismo científico**: Muchos expertos creen que la homeopatía no va más allá del efecto placebo debido a la elevada dilución de los remedios.
  - **Defensores de la homeopatía**: Afirman que los mecanismos de acción de la homeopatía aún no se conocen del todo, pero que ofrecen un beneficio real a muchos pacientes.

- Conclusión y futuro de la homeopatía en la alergia:
  - La cambiante percepción y aceptación de la homeopatía.

- La necesidad de estudios más sólidos y sistemáticos para arrojar luz sobre su papel en el tratamiento de las alergias.

La homeopatía en la alergia es un campo complejo que combina tradición, filosofía y ciencia. Es crucial que las enfermeras especializadas en alergia e inmunología estén bien informadas y abiertas a este enfoque para poder ofrecer unos cuidados integradores y centrados en el paciente.

Enfoques naturopáticos y nutrición

La naturopatía, una medicina tradicional y holística, ofrece herramientas complementarias para prevenir y tratar las alergias y los trastornos inmunitarios. Considera al paciente como un todo, integrando los aspectos físicos, mentales y ambientales. Se hace hincapié en los enfoques naturales, en particular los nutricionales, para reforzar el sistema inmunitario y tratar los desequilibrios.

- Fundamentos de la naturopatía:
  - **Principios básicos**: La filosofía de la naturopatía pretende estimular la capacidad de autocuración del organismo, haciendo hincapié en la prevención.
  - **Los seis pilares**: estilo de vida, dieta, psicología, hidrología, fitología y técnicas manuales.
- Nutrición y alergias:
  - **El papel   de los alimentos**: Comprender cómo lo que comemos puede afectar a nuestro sistema inmunológico y a nuestras reacciones alérgicas.
  - **Alimentos antiinflamatorios**: Los beneficios de los omega-3, los antioxidantes y otros

nutrientes clave para moderar las respuestas alérgicas.

- Gestión de las alergias a través de la nutrición:
  - **Eliminación y rotación**: Técnicas para identificar y gestionar las alergias alimentarias.
  - **Probióticos y salud intestinal**: La importancia de un microbioma sano en la modulación de la respuesta inmunitaria.
- Plantas y suplementos en alergología:
  - **Quercetina, ortiga y otros**: Su papel potencial en la reducción de los síntomas alérgicos.
  - **Vitamina C y bioflavonoides**: cómo pueden favorecer la función inmunitaria y modular la reacción alérgica.
- Enfermeras y enfoques naturistas:
  - **Información y asesoramiento**: Ayudar a los pacientes a navegar por el vasto mundo de los remedios naturales.
  - **Interacción e integración**: Garantizar un enfoque coherente y seguro entre los tratamientos convencionales y los naturopáticos.
- Desafíos y críticas:
  - **Falta de estudios sólidos**: Necesidad de una investigación más profunda sobre la eficacia de las intervenciones naturopáticas.
  - **Posibles riesgos**: Aunque naturales, algunos remedios pueden presentar riesgos de interacciones o efectos secundarios.
- Conclusión y perspectivas de futuro:
  - **Mayor integración**: Con la creciente demanda de cuidados integradores, la Alergología e Inmunología podría ver una mayor integración de los enfoques naturopáticos.
  - **Formación continua para profesionales sanitarios**: la necesidad de formación para

comprender, asesorar e integrar estos enfoques en la práctica clínica.

El mundo de la naturopatía ofrece una serie de herramientas que pueden complementar los tratamientos tradicionales en alergia e inmunología. Las enfermeras pueden desempeñar un papel fundamental a la hora de informar, orientar y apoyar a sus pacientes mientras exploran estos métodos complementarios.

Eficacia, riesgos y recomendaciones

La práctica médica evoluciona constantemente con la llegada de nuevos datos, terapias y tecnologías. En alergia e inmunología, los tratamientos deben basarse en pruebas científicas sólidas. Sin embargo, la creciente demanda de enfoques integradores y complementarios exige una evaluación rigurosa de su eficacia y seguridad.

- Evaluación de la eficacia:
  - **La importancia de los ensayos clínicos**: cómo proporcionan una base sólida para evaluar la eficacia de los tratamientos.
  - **Metaanálisis y revisiones sistemáticas**: la importancia de agrupar los datos para obtener conclusiones más sólidas.
- Riesgos asociados al tratamiento:
  - **Efectos secundarios comunes**: Identificación y gestión de las reacciones adversas en Alergología e Inmunología.
  - **Interacciones medicamentosas**: La necesidad de vigilar las interacciones, especialmente con la introducción de terapias complementarias.

- Recomendaciones clínicas basadas en la evidencia:
  - **Directrices**: cómo se elaboran las recomendaciones clínicas y su importancia en la práctica diaria.
  - **La importancia de la actualización constante**: Asegurarse de que las recomendaciones reflejan los últimos descubrimientos y los estándares de excelencia.
- Enfoques complementarios e integradores:
  - **Eficacia y seguridad**: Evaluación de terapias alternativas como la naturopatía, la homeopatía y otras.
  - **Integración en la práctica clínica**: cómo y cuándo incorporar estos métodos de forma segura.
- La perspectiva del paciente:
  - **Autonomía del paciente y consentimiento informado**: Informe al paciente de los beneficios y riesgos asociados a cada tratamiento.
  - **Comprender las preferencias y creencias de los pacientes**: El papel de las creencias culturales y personales en la elección del tratamiento.
- Formación y habilidades para los profesionales sanitarios:
  - **Actualización continua de conocimientos**: La importancia de la formación continua para mantenerse a la vanguardia de los avances en Alergología e Inmunología.
  - **Habilidades de comunicación**: Cómo discutir eficazmente las opciones de tratamiento, los riesgos y los beneficios con los pacientes.
- Conclusión y perspectivas de futuro:
  - **El futuro de la Alergología y la Inmunología**: El impacto potencial de los

185

nuevos descubrimientos y tecnologías en la eficacia y seguridad de los tratamientos.

- **Ética e integridad en la práctica**: garantizar que los tratamientos se basen siempre en pruebas sólidas, respetando al mismo tiempo los deseos y derechos de los pacientes.

El equilibrio entre eficacia y riesgo está en el centro de la práctica médica. En Alergología e Inmunología, es esencial que las enfermeras estén bien informadas, no sólo sobre los tratamientos convencionales, sino también sobre los enfoques complementarios, con el fin de proporcionar a sus pacientes unos cuidados integrados y basados en pruebas.

Capítulo 17

CUESTIONES MEDIOAMBIENTALES Y ALERGOLOGÍA

Impacto de la contaminación sobre el aumento de las alergias

El aumento mundial de las enfermedades alérgicas es una preocupación creciente para los profesionales sanitarios y la sociedad en su conjunto. Una de las principales teorías detrás de este repunte es el impacto de la contaminación en la salud respiratoria e inmunológica. Comprender este impacto no sólo ayuda a tomar conciencia de la gravedad del problema, sino también a desarrollar estrategias preventivas y terapéuticas más eficaces.

- Introducción:
  - **Estadísticas actuales**: Los casos de alergia han ido en aumento durante décadas.
  - Vínculos entre urbanización, industrialización y alergias: Una visión global del problema.
- Contaminantes atmosféricos y sus fuentes:
  - **Contaminantes primarios y secundarios**: Comprender la diferencia y de dónde proceden.
  - **Emisiones industriales, transporte y agricultura**: ¿Cómo contribuyen estos sectores a la contaminación atmosférica?
- Mecanismos biológicos subyacentes:
  - **Reacciones inflamatorias**: cómo los contaminantes pueden desencadenar o exacerbar las reacciones alérgicas.
  - **Cambios en los alérgenos**: ¿Puede la contaminación hacer que ciertos alérgenos sean más reactivos o virulentos?
- Alergias respiratorias:
  - **Asma**: El impacto de la contaminación en la prevalencia y gravedad del asma.

- **Rinitis alérgica**: correlación entre la contaminación y los síntomas de la fiebre del heno.
- Alergias cutáneas y oculares:
  - **Eccema y urticaria**: ¿Cómo afecta la contaminación a estas afecciones?
  - **Conjuntivitis alérgica**: El efecto de los contaminantes en los ojos.
- Consecuencias a largo plazo:
  - **Aumento de la sensibilidad:** ¿Puede la exposición repetida aumentar la sensibilidad a ciertos alérgenos?
  - **Complicaciones asociadas**: El impacto en otras enfermedades respiratorias o sistémicas.
- Estrategias preventivas y terapéuticas:
  - **Evitar y reducir la exposición**: consejos prácticos para limitar el impacto de la contaminación.
  - **Tratamientos medicinales**: Adaptar los tratamientos en función de los niveles de contaminación.
- Política pública y salud medioambiental:
  - **Normativa sobre la calidad del aire**: El papel de los gobiernos en la limitación de la contaminación.
  - **Sensibilizar a la opinión pública**: Educar a la sociedad sobre los riesgos asociados y promover un comportamiento más respetuoso con el medio ambiente.
- Conclusión:
  - **La necesidad de una acción colectiva**: Ante una amenaza creciente, es esencial aunar esfuerzos para combatir la contaminación y sus efectos sobre la salud.
  - El futuro de la Alergología en un mundo cambiante: Reflexiones sobre los retos y las oportunidades que nos aguardan.

La contaminación atmosférica es una amenaza silenciosa que tiene una gran influencia en la prevalencia y la gravedad de las alergias. Como enfermeras especializadas en alergia e inmunología, es esencial ser conscientes de esta correlación, comprender sus mecanismos y tomar medidas tanto clínicas como preventivas.

Alergias estacionales y el cambio climático

El cambio climático, con sus cambios en la temperatura y los patrones meteorológicos, tiene consecuencias directas para la salud humana. Especialmente preocupante es el impacto sobre las alergias estacionales. Los periodos de floración se alargan, las concentraciones de polen aumentan y las regiones tradicionalmente libres de ciertos alérgenos empiezan a mostrar signos de ellos. Los profesionales sanitarios especializados en alergia e inmunología están en primera línea para comprender y tratar estas nuevas realidades.

- Introducción:
  - Definición de las alergias estacionales: un recordatorio de lo que engloban.
  - **Cambio climático**: Cómo está cambiando nuestro planeta y por qué es importante.
- Impacto de la temperatura en los alérgenos:
  - **Estaciones de polen más largas**: cómo el calentamiento global está ampliando el periodo de floración de las plantas alergénicas.
  - Aumento de las concentraciones de polen: más CO_2, más polen.
- Migración de alérgenos:
  - **Nuevos territorios: Las** plantas alergénicas se están estableciendo en zonas que antes no estaban afectadas.

- **Alérgenos en altura**: las montañas ya no son refugios.
- Impacto en la salud pública:
  - **Aumento de la prevalencia**: Hay más personas alérgicas que nunca.
  - **Empeoramiento de los síntomas**: Las reacciones pueden ser más intensas.
- Cambios en los patrones de exposición:
  - **Exposición múltiple**: La coexistencia de diferentes alérgenos en una misma estación.
  - **Clima extremo**: cómo afectan las tormentas de polen y otros fenómenos a los pacientes.
- Estrategias de adaptación para profesionales sanitarios:
  - **Actualización de protocolos**: adaptación de pruebas y tratamientos a los nuevos alérgenos.
  - **Educación terapéutica del paciente**: Informar a los pacientes sobre los nuevos riesgos y cómo gestionarlos.
- Prevención y vigilancia:
  - **Vigilancia del polen**: El uso de la tecnología para predecir y proporcionar información sobre las concentraciones de polen.
  - **Consejos para los pacientes**: Cómo evitar la exposición durante los picos de polen.
- Investigación e innovación:
  - **Estudios epidemiológicos**: Seguimiento de las tendencias alérgicas a escala mundial.
  - **El desarrollo de tratamientos específicos**: La importancia de la investigación para adaptarse a los nuevos retos.
- Conclusión:
  - **Una llamada a la acción**: La necesidad de una acción conjunta de los profesionales sanitarios, los gobiernos y la sociedad civil.

- **El futuro de las alergias estacionales**: proyecciones y preparativos para las próximas décadas.

Con el cambio climático como telón de fondo, la Alergología y la Inmunología deben evolucionar rápidamente para satisfacer las necesidades cambiantes de los pacientes. Las enfermeras, como punto de contacto clave para muchos pacientes, tienen un papel crucial que desempeñar para ayudar a navegar por esta realidad cambiante.

Vivienda y alérgenos domésticos

El hogar, un lugar de descanso y seguridad, puede convertirse paradójicamente en una fuente de exposición a numerosos alérgenos. Desde los ácaros del polvo doméstico hasta el moho y el pelo de las mascotas, el hogar está lleno de trampas para los alérgicos. Para los profesionales de la alergia y la inmunología, es esencial conocer el entorno doméstico de sus pacientes y aconsejarles sobre cómo minimizar los riesgos.

- Introducción:
  - **La importancia del hogar en la salud**: Cómo influye el entorno doméstico en la salud.
  - **Definición de los alérgenos domésticos**: presentación de los principales culpables.
- Ácaros:
  - **Biología y hábitats favoritos**: Dónde y por qué prosperan.
  - Síntomas y diagnósticos asociados.
  - **Estrategias de prevención y control**: desde la ropa de cama antiácaros hasta una higrometría adecuada.

- Pelo y caspa de animales:
  - **Animales comúnmente asociados**: perros, gatos, pájaros, etc.
  - Reconocer y gestionar una alergia: Pruebas y síntomas.
  - **Vivir con mascotas**: consejos para minimizar la exposición.
- Moho y hongos:
  - **¿Dónde pueden encontrarse?** Zonas húmedas, sótanos, cuartos de baño, etc.
  - Problemas de salud asociados.
  - **Prevención y tratamiento en el hogar**: Ventilación, deshumidificadores, productos antimoho.
- Alérgenos en la cocina:
  - **Insectos y plagas**: Cucarachas y otros insectos comunes.
  - **Almacenamiento de alimentos** : Cómo evitar las infestaciones y los alérgenos asociados.
- Productos domésticos y alergias:
  - **Compuestos irritantes comunes**: Perfumes, detergentes, desinfectantes.
  - **Seleccionar y utilizar productos seguros**: Opte por productos hipoalergénicos, lea las etiquetas.
- Plantas de interior y alergias:
  - Plantas comúnmente alergénicas.
  - **Beneficios de las plantas para la calidad del aire**: Cómo ciertas plantas pueden purificar el aire.
- Mejoras en el hogar para alérgicos:
  - **Materiales y mobiliario**: Elija materiales no alergénicos.
  - **Ventilación y filtración de aire**: Sistemas de purificación, filtros HEPA.

- Medidas preventivas generales:
  - **Rutina de limpieza**: frecuencia, herramientas y técnicas apropiadas.
  - **Educación del paciente**: La importancia de la información y la concienciación.
- Conclusión:
- **Un entorno adecuado para todos**: La importancia de un hogar saludable para la calidad de vida.
- **Papel del profesional sanitario**: acompañar, asesorar y educar a los pacientes.

El control de los alérgenos domésticos es una parte esencial de la gestión de las alergias. Al conocer el hogar del paciente y ayudarle a aplicar medidas preventivas, las enfermeras pueden contribuir de forma significativa a mejorar su calidad de vida.

Consejos para una vida sana en un entorno alergénico

En un mundo en el que los alérgenos son omnipresentes, llevar una vida sana y plena puede parecer como navegar por un campo de minas para las personas sensibles. Sin embargo, con los conocimientos adecuados y una actitud proactiva, es totalmente posible llevar una vida plena al tiempo que se controlan las alergias de forma eficaz.
He aquí una guía para ayudar a las personas a vivir tranquilas en un entorno rico en alérgenos.

- Concienciación y educación:
  - **Comprender las alergias**: la importancia de las pruebas de alergia y de las revisiones periódicas.
  - **Mantenerse al día**: Manténgase al día sobre la investigación, los nuevos tratamientos y las previsiones estacionales.

- Vida sana:
  - **Elegir el lugar adecuado para vivir**: buscar una zona con menos alérgenos específicos.
  - **Purificadores de aire**: Invierta en sistemas de calidad para filtrar los alérgenos.
  - **Mantenimiento regular**: Limpie, aspire y ventile para reducir la presencia de alérgenos.
- Alimentación consciente:
  - **Leer las etiquetas**: Evite los alérgenos ocultos en los productos procesados.
  - **Preparación casera**: Compruebe los ingredientes y los métodos de cocción.
  - **Esté atento en el restaurante**: Comunique claramente las alergias al personal.
- Viajes y excursiones:
  - **Investigación previa**: Compruebe la presencia de posibles alérgenos en el destino elegido.
  - **Botiquín de emergencia**: Lleve siempre consigo medicamentos y tratamientos de emergencia.
  - **Alojamiento adaptado**: Busque hoteles o alojamientos que tengan en cuenta las alergias.
- Gestión del estrés:
  - **Relación entre el estrés y los síntomas alérgicos**: Comprender cómo el estrés puede exacerbar las alergias.
  - **Técnicas de relajación**: meditación, yoga, respiración profunda para mantener el equilibrio emocional.
- Un estilo de vida activo y seguro:
  - **Deportes y actividades al aire libre**: Elija momentos en los que los niveles de alérgenos sean bajos.
  - **Gimnasios y clubes deportivos**: Compruebe la calidad del aire y la limpieza de las instalaciones.

- Relaciones y vida social:
  - **Comunicación abierta**: informar a amigos y familiares sobre sus alergias.
  - **Participar en grupos de apoyo**: compartir experiencias y consejos con otros alérgicos.
- Carrera y entorno laboral:
  - **Elija un lugar de trabajo saludable**: Evite los espacios confinados o polvorientos.
  - **Adapte su espacio**: plantas purificadoras, purificadores de aire y pausas regulares para airearse.
- La tecnología al rescate:
  - **Aplicaciones y gadgets**: Uso de herramientas tecnológicas para controlar y gestionar las alergias.
  - **Telemedicina**: consultar a especialistas a distancia, especialmente cuando se viaja.

- Floreciendo   a pesar de todo:
- **Celebre las pequeñas victorias**: Reconozca los momentos sin síntomas y los progresos realizados.
- **Adopte una actitud positiva**: Céntrese en lo que es posible en lugar de en las restricciones.

Con una estrategia bien pensada, una vida sana en un entorno alergénico es totalmente alcanzable. Implica una combinación de preparación, educación y un enfoque proactivo para minimizar los riesgos al tiempo que se maximiza la calidad de vida.

Capítulo 18

TECNOLOGÍA DE LA INFORMACIÓN EN ALERGOLOGÍA E INMUNOLOGÍA

Historias clínicas electrónicas y su utilidad

La historia clínica electrónica (HCE) representa una importante transformación en la atención sanitaria, ya que cambia la forma en que los profesionales acceden a la información de los pacientes, la almacenan y la comparten. Esta sección, en la que se analizan sus ventajas y retos, destaca la importancia de los RME en la práctica médica moderna.

- ¿Qué es un EMR?
    - **Definición**: Un EMR es un registro digital de la información sanitaria de un paciente.
    - **Evolución**: del papel a lo digital - entender cómo nació el RME de la necesidad de mejorar la eficacia y la precisión.
- Ventajas del EMR:
    - **Acceso rápido**: los datos pueden recuperarse al instante, lo que facilita el diagnóstico y el tratamiento.
    - **Intercambio simplificado**: los profesionales sanitarios pueden compartir información crucial, fomentando la atención multidisciplinar.
    - **Reducción de errores**: Menos errores debidos a una mala lectura de la letra o a la pérdida de archivos.
    - **Gestión optimizada**: seguimiento de las vacunaciones, recordatorios para las pruebas de cribado y gestión de la prescripción.
- EMRs en Alergología e Inmunología:
    - **Control de las pruebas de alergia**: registre y compare fácilmente los resultados de las pruebas cutáneas o sanguíneas.

- **Gestión del tratamiento**: Seguimiento de la inmunoterapia, los tratamientos biológicos y los efectos secundarios asociados.
- Seguridad y confidencialidad:
  - **Protección de datos sensibles**: mecanismos de seguridad para impedir el acceso no autorizado.
  - **Cumplimiento de las normas reglamentarias**: Garantizar el cumplimiento de la legislación sobre privacidad.
- Integración con otros sistemas:
  - **Interconectividad**: Enlaces con laboratorios, farmacias y otros centros asistenciales.
  - **Telemedicina**: Facilitar las consultas a distancia haciendo que los datos estén disponibles en línea.
- Retos y obstáculos:
  - **Costes iniciales**: Inversión en hardware, software y formación.
  - **Resistencia al cambio**: La adopción por parte del personal puede requerir un periodo de adaptación.
  - **Actualizaciones y mantenimiento: La** necesidad de una vigilancia tecnológica continua.
- Formación y competencias:
  - **Aprender a utilizar el EMR**: Importancia de la formación del personal para utilizar el sistema con eficacia.
  - **Optimizar el uso**: aprovechar al máximo la funcionalidad para mejorar la asistencia.
- El futuro del ISD:
  - **Innovaciones tecnológicas**: inteligencia artificial, aprendizaje automático y otros avances.

- **Normalización**: Armonización de los sistemas para una mayor interoperabilidad a nivel nacional e internacional.

Las historias clínicas electrónicas han revolucionado la forma de prestar los cuidados, ofreciendo rapidez, eficacia y precisión. Para las enfermeras de Alergia e Inmunología son una herramienta inestimable, que permite hacer un seguimiento detallado de los pacientes y garantiza la mejor calidad posible de los cuidados.

Aplicaciones y plataformas digitales para la monitorización de pacientes

La llegada de la tecnología ha transformado profundamente el panorama médico, sobre todo en el campo de la Alergología y la Inmunología. Las aplicaciones dedicadas y las plataformas digitales ofrecen ahora posibilidades sin precedentes para el seguimiento de los pacientes, haciendo que la atención sea más accesible, personalizada y eficaz.

- Introducción a las aplicaciones médicas:
  - **Definición y objetivos**: Entender qué es una aplicación médica y cómo puede facilitar el seguimiento del paciente.
  - **Evolución y adopción**: ¿Cómo han ganado popularidad las aplicaciones y cómo se están integrando en la práctica médica diaria?
- Aplicaciones de control de alergias:
  - **Diario de alergias**: Permite a los pacientes registrar sus síntomas, desencadenantes y medicación tomada.
  - **Alertas de polen**: Informar a los pacientes sobre los niveles de polen en su zona y

ofrecerles consejos sobre cómo minimizar la exposición.
- Plataformas de telemedicina:
    - **Consultas virtuales**: Reúnase con un especialista sin desplazarse, algo esencial para quienes viven en zonas remotas.
    - **Monitorización remota**: permite a los médicos controlar los signos vitales y los síntomas de los pacientes en tiempo real.
- Aplicaciones de gestión de la medicación:
    - **Recordatorios de medicación**: Ayuda a los pacientes a seguir su régimen de medicación.
    - **Información sobre el medicamento**: informa a los pacientes sobre los efectos secundarios, las interacciones y otros detalles importantes.
- Plataformas para la educación terapéutica:
    - **Vídeos y tutoriales**: Formación sobre autoinyección, reconocimiento de los signos de anafilaxia, etc.
    - **Módulos educativos**: Aprenda más sobre alergias, inmunología y prevención.
- Integración con los historiales médicos electrónicos:
    - **Acceso a los datos**: Los pacientes pueden consultar los resultados de sus pruebas, sus recetas y su historial médico.
    - **Mejora de la comunicación**: Facilita la comunicación entre los pacientes y los profesionales sanitarios.
- Confidencialidad y seguridad:
    - **Protección de datos**: Comprender los protocolos de seguridad existentes para proteger la información sensible.
    - **Consentimiento informado**: Garantizar que los pacientes entienden cómo se utilizan sus datos.

- Perspectivas de futuro e innovaciones:
  - **Inteligencia artificial y aprendizaje automático**: ¿cómo pueden utilizarse estas tecnologías para mejorar el diagnóstico y el tratamiento?
  - **Realidad aumentada y realidad virtual**: uso potencial para la formación o para ayudar a los pacientes a comprender sus dolencias.
- Consejos para elegir la aplicación adecuada:
  - **Evaluación de las necesidades**: Elección de una aplicación adaptada a las necesidades específicas del paciente o del profesional.
  - **Críticas y recomendaciones**: Utilice las opiniones de compañeros y usuarios para evaluar la pertinencia de una aplicación.

El uso de aplicaciones y plataformas digitales en Alergología e Inmunología tiene el potencial de transformar la forma en que se presta la asistencia. Estas herramientas no sólo ofrecen comodidad, sino también una mayor capacidad para personalizar la atención, educar e implicar a los pacientes en su propia salud. En una era de medicina cada vez más digitalizada, mantenerse a la vanguardia de estas innovaciones es esencial para ofrecer una atención óptima.

Telemedicina y teleasistencia

La telemedicina se ha convertido en una parte indispensable de la medicina moderna, ofreciendo una flexibilidad y accesibilidad sin precedentes a la atención médica. En el campo de la Alergología y la Inmunología, abre nuevos horizontes para una atención optimizada, trascendiendo las barreras geográficas y temporales.

- Comprender la telemedicina:
  - **Definición**: ¿Qué es la telemedicina y en qué se diferencia de la atención tradicional?
  - **Historia**: Un breve resumen de la evolución de la telemedicina y su creciente adopción.
- Los beneficios de la telemedicina:
  - **Accesibilidad**: derribar las barreras geográficas, permitiendo a los pacientes de zonas remotas acceder a los especialistas.
  - **Eficacia**: Reduzca los tiempos de espera, los desplazamientos y optimice la gestión de las citas.
- Aplicaciones específicas en Alergología e Inmunología:
  - **Consultas a distancia**: discusión de síntomas, tratamientos y seguimiento de pacientes alérgicos o inmunodeprimidos.
  - **Educación terapéutica**: Uso de plataformas digitales para educar a los pacientes sobre su enfermedad, prevención y gestión de crisis.
- Tecnologías asociadas:
  - **Plataformas de videoconferencia**: herramientas para consultas virtuales seguras.
  - **Dispositivos de monitorización a distancia**: monitores que permiten controlar a distancia las constantes vitales u otros parámetros relevantes.
- Retos y preocupaciones:
  - **Confidencialidad y seguridad**: garantizar la protección de la información médica sensible.
  - **Limitaciones clínicas**: reconocer cuándo es necesaria una consulta presencial.
- Formación y habilidades para enfermeras:
  - **Dominio de las herramientas tecnológicas**: Adquirir familiaridad con el software y los equipos utilizados.

- **Habilidades de comunicación**: Comunicarse con claridad y eficacia a través de una pantalla.
- Integración de la telemedicina en la vía asistencial:
  - **Coordinación con la atención tradicional**: ¿Cómo encajan las consultas virtuales en un plan de atención global?
  - **Gestión de historias clínicas electrónicas**: garantizar una transición fluida de la información entre las consultas presenciales y a distancia.
- Perspectivas de futuro:
  - **Innovaciones tecnológicas**: ¿Cuáles son los próximos pasos en telemedicina y cómo influirán en la atención al paciente?
  - **Aceptación y adopción**: Los retos y oportunidades asociados al uso generalizado de la telemedicina.

La telemedicina en alergología e inmunología ofrece una oportunidad increíble para prestar una atención de alta calidad de una forma más accesible y flexible. Sin embargo, como ocurre con cualquier avance tecnológico, debe abordarse con cautela, garantizando que se mantienen los estándares clínicos y que la información de los pacientes se trata con el máximo grado de confidencialidad y seguridad. Al equilibrar estas consideraciones, las enfermeras pueden contribuir a dar forma a un futuro en el que los cuidados sean a la vez personalizados y universalmente accesibles.

Innovaciones tecnológicas y su potencial para el futuro

La alergología y la inmunología, al igual que otras disciplinas médicas, han experimentado importantes avances tecnológicos en las últimas décadas. Estas innovaciones no sólo han remodelado la práctica clínica, sino que también han ampliado nuestra comprensión de los mecanismos subyacentes de las enfermedades alérgicas e inmunológicas.

* La tecnología al servicio del diagnóstico:
  * **Detectores de alérgenos**: Nuevos dispositivos portátiles para detectar alérgenos en el ambiente en tiempo real.
  * **Análisis molecular**: Las pruebas moleculares ofrecen un conocimiento detallado de los alérgenos específicos implicados, lo que permite un diagnóstico más preciso.
* Imágenes avanzadas:
  * **Imágenes por resonancia magnética funcional (IRMf)**: Se utiliza para estudiar las reacciones cerebrales a los alérgenos y para comprender el dolor en las enfermedades autoinmunes.
  * **Tomografía por emisión de positrones (PET)**: Útil para estudiar la inflamación en diversas enfermedades inmunológicas.

* Terapias dirigidas y personalizadas:
  * **Inmunoterapias dirigidas**: Uso de bioterapias, incluidos los anticuerpos monoclonales, para tratar específicamente determinadas enfermedades alérgicas y autoinmunes.
  * **Terapia génica**: Para las inmunodeficiencias hereditarias, ofrece la posibilidad de un tratamiento curativo.
* Tecnología portátil y monitorización de pacientes:
  * **Dispositivos de monitorización a domicilio**: monitores portátiles que permiten a los pacientes hacer un seguimiento de su salud,

205

como los medidores de flujo máximo para el asma.

- **Aplicaciones móviles**: Para controlar los síntomas, gestionar la medicación y conectar con los profesionales sanitarios.
- Inteligencia artificial (IA) y big data:
  - **Algoritmos predictivos**: Uso de bases de datos para predecir ataques alérgicos o exacerbaciones de enfermedades inmunológicas.
  - **Ayuda al diagnóstico**: sistemas de IA que analizan los síntomas y los resultados de las pruebas para ayudar al diagnóstico.
- Telealergología y plataformas digitales:
  - **Consultas virtuales**: uso de la telemedicina para evaluar y tratar a los pacientes.
  - **Plataformas de educación del paciente**: uso de la realidad virtual o aumentada para educar sobre alergias e inmunología.
- Biomateriales y dispositivos de administración de fármacos:
  - **Parches de inmunoterapia**: ofrecen una alternativa menos invasiva a las inyecciones.
  - Sistemas de administración de fármacos de liberación sostenida: Para garantizar la administración constante de fármacos.
- El futuro de la innovación:
  - **Investigación y desarrollo**: Áreas prometedoras para la innovación en Alergología e Inmunología.
  - **Integración de la tecnología**: Los retos y oportunidades asociados a la integración de las nuevas tecnologías en la práctica clínica.

Con el rápido desarrollo de las tecnologías médicas, la Alergología y la Inmunología están a la vanguardia de los avances clínicos. Estas innovaciones, al tiempo que ofrecen nuevos métodos de diagnóstico y tratamiento, también requieren una formación continua de los profesionales sanitarios para garantizar un uso óptimo y seguro. El futuro promete una medicina más personalizada, más precisa y más preventiva para los pacientes que sufren afecciones alérgicas e inmunológicas.

Capítulo 19

ASPECTOS EDUCATIVOS Y CONCIENCIACIÓN

Sensibilizar a la población sobre las alergias y enfermedades inmunológicas

Sensibilizar a la opinión pública sobre las alergias y las enfermedades inmunológicas es esencial para garantizar la seguridad, el bienestar y la comprensión general de estas afecciones a menudo mal entendidas. Aunque la prevalencia de las alergias y las enfermedades inmunológicas está aumentando en todo el mundo, persisten muchos mitos y malentendidos, por lo que la concienciación es aún más crucial.

- ¿Por qué es importante la sensibilización?
    - **Prevención de crisis**: Comprender los signos y síntomas de las reacciones alérgicas puede ayudar a prevenir una crisis grave, como la anafilaxia.
    - **Reducir el estigma**: Una mejor comprensión de estas afecciones puede ayudar a reducir el estigma o la falta de concienciación asociados a las alergias y las enfermedades inmunológicas.
    - **Educación del paciente y la familia**: Concienciar a los afectados y a quienes les rodean les ayuda a gestionar su enfermedad de forma más eficaz.
- Métodos de sensibilización:
    - **Campañas en los medios de comunicación**: Uso de publicidad, artículos de prensa y reportajes para informar al público.
    - **Programas educativos en las escuelas**: Incorporar la concienciación sobre las alergias en los programas escolares para educar desde una edad temprana.
    - **Eventos y talleres**: Organice foros comunitarios, talleres y eventos de sensibilización.

- **Días mundiales**: Celebración de días dedicados, como el Día Mundial de la Alergia, para poner de relieve estas afecciones.
- Papel de las organizaciones profesionales y no gubernamentales:
  - Estas organizaciones pueden proporcionar recursos, directrices y apoyo a la investigación, así como llevar a cabo campañas de sensibilización a gran escala.
- Trabajar con personas influyentes y famosos:
  - Los testimonios de personas influyentes con alergias o enfermedades inmunológicas pueden tener un poderoso impacto en la percepción pública.
- Desarrollo de recursos en línea:
  - Creación de sitios web, aplicaciones y plataformas de medios sociales que ofrezcan información fiable y consejos prácticos.
- Implicación de los pacientes y sus familias:
  - Anime a los pacientes y a sus familiares a compartir sus experiencias para humanizar y personalizar la sensibilización.
- Formación para profesionales sanitarios:
  - Garantizar que los médicos, enfermeras y otros profesionales sanitarios estén bien informados y equipados para educar a sus pacientes y al público en general.

Aumentar la concienciación sobre estas afecciones requiere un enfoque polifacético, que implique tanto iniciativas de alto nivel como esfuerzos comunitarios. Con una mayor concienciación, podemos esperar una mejor calidad de vida para los afectados, una respuesta más empática por parte de la sociedad y quizás, a largo plazo, una reducción de la prevalencia mediante la prevención y una intervención más temprana.

Educación del paciente y la familia

Educar a los pacientes y a sus familias es un pilar fundamental en la gestión de las alergias y las enfermedades inmunológicas. Dotando a las personas de los conocimientos y las herramientas que necesitan para comprender y gestionar su afección, podemos aumentar su autonomía, mejorar su calidad de vida y reducir el riesgo de complicaciones graves.

- La importancia de la educación:
    - **Prevención**: Evite la exposición a alérgenos, esté atento a los signos de advertencia de una reacción grave.
    - **Autogestión eficaz**: Los pacientes formados suelen ser más proactivos en la gestión de su enfermedad.
    - **Reducción del estrés**: Comprender su enfermedad reduce la ansiedad asociada a lo desconocido.
- Comprender la enfermedad:
    - **Definición y causas**: ¿Qué es una alergia o enfermedad inmunológica? ¿Por qué se produce?
    - **Signos y síntomas**: Reconozca los síntomas típicos para una intervención rápida.
- Gestión diaria:
    - **Evitación de alérgenos**: Consejos para eliminar los alérgenos cotidianos más comunes.
    - **Tratamientos**: Cómo y cuándo tomar los medicamentos, qué hacer si se le olvidan, etc.
    - **Equipo específico**: Por ejemplo, cómo utilizar un autoinyector de epinefrina.
- Plan de acción en caso de crisis:

- Elabore un plan claro para las reacciones alérgicas, que incluya los pasos a seguir y los números de emergencia.
- Recursos y apoyo:
  - **Grupos de apoyo**: Para compartir experiencias y consejos.
  - **Aplicaciones y herramientas digitales**: Para controlar los síntomas, reconocer los alérgenos, etc.
  - **Literatura**: Libros, folletos, páginas web fiables para saber más.
- Educación familiar:
  - **Formación en primeros auxilios**: En caso de reacción alérgica grave, cada segundo cuenta.
  - **Consejos para la vida cotidiana**: cocinar para un familiar alérgico, reconocer los signos de una reacción, etc.
  - **Gestión emocional**: Apoyar al paciente, gestionar la ansiedad o el estrés asociados a la enfermedad.
- Trabajar con profesionales sanitarios:
  - **Consultas regulares**: para garantizar el seguimiento médico y discutir cualquier preocupación.
  - **Mantenerse al día**: las recomendaciones y los tratamientos evolucionan con la investigación; es esencial mantenerse informado.
- Implicación en la comunidad:
  - **Sensibilización**: Educar a la comunidad en general puede contribuir a crear un entorno más seguro para las personas que sufren alergias o enfermedades inmunológicas.

Educar a los pacientes y a sus familias es un proceso continuo. A medida que los pacientes crecen, que su enfermedad evoluciona o que surgen nuevos descubrimientos científicos, sus necesidades educativas cambian. Por ello, el enfoque debe ser flexible, personalizado y centrarse siempre en el bienestar y la seguridad del paciente.

Programas de formación continua para enfermeras

En el dinámico y siempre cambiante mundo de la medicina, la formación continua es esencial para garantizar que las enfermeras mantengan y mejoren sus conocimientos, se mantengan al día de los últimos avances médicos y garanticen una atención óptima al paciente. Los programas de formación continua para enfermeras de Alergología e Inmunología se centran en una serie de temas que van desde la actualización de las habilidades clínicas hasta la comprensión de las últimas investigaciones.

- La importancia de la formación continua:
  - **Calidad de la atención**: Mantener un alto nivel de competencia para garantizar la mejor atención posible a los pacientes.
  - **Mantenerse al día**: La ciencia y la medicina evolucionan rápidamente, por lo que mantenerse al día es esencial.
  - **Desarrollo profesional**: Oportunidades para avanzar en su carrera o especializarse más.
- Módulos clínicos:
  - **Técnicas avanzadas**: Por ejemplo, la administración de tratamientos biológicos innovadores o inmunoterapias.
  - **Gestión de emergencias**: Formación en profundidad sobre situaciones de emergencia específicas de la Alergología y la Inmunología, como la anafilaxia grave.

214

- Actualizaciones de la investigación:
    - **Últimos descubrimientos**: ¿Cómo influyen los nuevos descubrimientos en la práctica clínica?
    - **Casos prácticos**: Análisis detallado de casos prácticos para comprender los matices de la gestión de pacientes.
- Habilidades no clínicas:
    - **Comunicación**: Mejorar las habilidades de comunicación para una mejor interacción con los pacientes, las familias y el equipo médico.
    - **Gestión del estrés**: Técnicas para gestionar el estrés y evitar el agotamiento en un entorno médico exigente.
- Tecnologías emergentes:
    - **Formación sobre nuevos equipos**: Por ejemplo, el uso de dispositivos médicos innovadores o software de monitorización de pacientes.
    - **Telemedicina**: ¿Cómo prestar asistencia a distancia manteniendo la calidad?
- Colaboración interdisciplinar:
    - **Trabajar con otras especialidades**: Comprender las funciones y responsabilidades de otras especialidades médicas y cómo colaborar eficazmente.
    - **Seminarios conjuntos**: Cursos de formación que combinan distintas especialidades para un enfoque más holístico de la asistencia.
- Formación ética:
    - **Consideraciones éticas específicas**: Por ejemplo, gestión de la información del paciente, consentimiento informado para tratamientos experimentales.
- Módulos especializados:
    - **Alergología e Inmunología Pediátricas**: Centradas en las particularidades del cuidado de los niños.

- **Alergias poco comunes: Un** conocimiento más profundo de las alergias menos comunes pero igual de cruciales.
- Participación en conferencias y talleres:
  - **Trabajo en red**: Reúnase con otros profesionales del sector para intercambiar experiencias y conocimientos.
  - **Talleres prácticos**: aprendizaje interactivo y práctico.

La formación continua es una responsabilidad y un privilegio para las enfermeras. No sólo garantiza unos cuidados óptimos al paciente, sino que también ofrece a las enfermeras oportunidades de desarrollo profesional y personal, reforzando su papel esencial dentro del equipo médico.

La importancia de divulgación científica

En un mundo saturado de información, en el que cada individuo tiene acceso a multitud de fuentes a través de Internet, la televisión, las redes sociales, etc., es crucial saber distinguir los hechos reales de los mitos o la información errónea. La divulgación científica desempeña aquí un papel clave. Pero, ¿qué es la divulgación científica y por qué es tan esencial?

- **Definición de divulgación científica:**
  - La divulgación científica es el arte de hacer accesible la información científica a un público no especializado. Transforma la jerga técnica y los conceptos complejos en términos sencillos y comprensibles, sin distorsionar la realidad científica.

- **Romper la barrera entre la ciencia y el público:**
  - Muchas personas perciben la ciencia como elitista o fuera de su alcance. Popularizar la ciencia la hace accesible, desmitificando conceptos que pueden parecer intimidantes.
- **Promover la educación:**
  - Hacer que la ciencia sea atractiva y accesible fomenta la curiosidad y el aprendizaje permanente. Los jóvenes, en particular, pueden sentirse inspirados para seguir carreras científicas o tecnológicas.
- **Combatir la desinformación:**
  - Con la proliferación de las "noticias falsas", es esencial disponer de fuentes fiables y comprensibles que demuestren claramente los hechos. Los divulgadores científicos suelen estar a la vanguardia de la lucha contra los mitos y la desinformación.
- **Toma de decisiones informada:**
  - Ya se trate de comprender las implicaciones del cambio climático, decidir si vacunarse o apoyar la investigación con células madre, una población informada está mejor preparada para tomar decisiones fundamentadas sobre cuestiones que afectan a su vida cotidiana.
- **Fomentar el diálogo:**
  - Al establecer un terreno común en el que pueden interactuar científicos y no científicos, la divulgación fomenta el diálogo. Permite intercambios fructíferos, fomentando las preguntas, la comprensión mutua y la colaboración.
- **Promover la investigación:**
  - Compartir los descubrimientos científicos con el público en general realza el valor del trabajo de los investigadores. Esto puede conducir a un mayor apoyo a la ciencia, tanto en términos de financiación como de aprecio general.

- **Reflexión ética:**
  - La divulgación también permite plantear cuestiones éticas y animar al público en general a reflexionar sobre las implicaciones de la investigación y los descubrimientos científicos.
- **Evolución de la cultura general:**
  - Una sociedad que comprende y aprecia la ciencia es una sociedad que valora el conocimiento, la innovación y el pensamiento crítico.

La divulgación científica es un puente entre el complejo mundo de la investigación y el público en general. Ilumina, inspira y compromete, ayudando a crear una sociedad informada, inquisitiva y con visión de futuro. En un mundo en el que la ciencia desempeña un papel cada vez más central, la capacidad de comunicar eficazmente sobre estos temas se está convirtiendo en algo no sólo valioso, sino esencial.

Capítulo 20

URGENCIAS ALERGOLÓGICAS E INMUNOLOGÍA

Reconocer una reacción anafiláctica

La anafilaxia es una reacción alérgica grave y potencialmente mortal que se desarrolla rápidamente tras la exposición a un alérgeno. Afecta a varios órganos simultáneamente y requiere una intervención médica inmediata. El reconocimiento precoz de los signos y síntomas de la anafilaxia puede salvar vidas. He aquí cómo reconocerla.

- Síntomas cutáneos:
  - Enrojecimiento o palidez repentinos de la piel
  - Urticaria o sarpullido
  - Picor, especialmente en las palmas de las manos o en las plantas de los pies.
- Síntomas respiratorios:
  - Dificultad para respirar o respiración entrecortada
  - Sibilancias o ruido al respirar
  - Tos persistente
  - Sensación de constricción u opresión en la garganta
  - Voz ronca
- Síntomas cardiovasculares:
  - Pulso rápido o irregular
  - Dolor u opresión en el pecho
  - Mareos, debilidad o desmayos
  - Caída de la tensión arterial
- Síntomas digestivos:
  - Náuseas o vómitos
  - Diarrea
  - Dolor abdominal
- Síntomas neurológicos:
  - Dolores de cabeza
  - Una sensación de fatalidad inminente, una extraña sensación de aprensión o miedo
  - Confusión o alteración de la conciencia

- Otros signos:
  - Ojos o cara hinchados
  - Devanado
  - Dificultad para tragar

Cuando reconozca estos síntomas, es esencial actuar con rapidez:

- **Llame a los servicios de emergencia**: Si sospecha que sufre anafilaxia, llame inmediatamente a los servicios de emergencia.
- **Administración de un autoinyector de epinefrina**: Si el enfermo dispone de un autoinyector de epinefrina (como un EpiPen), debe utilizarlo sin demora. Siga las instrucciones suministradas con el autoinyector.
- **Ponga a la persona en una posición segura**: Acueste a la persona con las piernas levantadas, a menos que tenga dificultades para respirar o esté vomitando. En este caso, es preferible poner a la persona en posición sentada para facilitar la respiración.
- **Quédese con la persona**: Nunca deje sola a una persona que muestre signos de anafilaxia.
- Evite darle agua o comida: Esto podría agravar los síntomas.

La prevención es la forma más eficaz de controlar el riesgo de anafilaxia. Es esencial conocer los alérgenos, evitar la exposición y tener siempre a mano un autoinyector de epinefrina en caso de riesgo.

Protocolos de emergencia para el shock anafiláctico

El shock anafiláctico es la forma más grave de reacción anafiláctica, se manifiesta como un fallo circulatorio agudo y puede conducir a una parada cardiaca. El tratamiento rápido y adecuado es vital. He aquí un protocolo de emergencia típico para el shock anafiláctico:

- Reconocimiento de choque:
    - Aparición repentina de los síntomas
    - Síntomas que afectan a varios sistemas orgánicos (cutáneo, respiratorio, cardiovascular, digestivo, etc.)
    - Síntomas graves como dificultad para respirar, confusión, palidez o cianosis, debilidad o colapso.
- Llame inmediatamente a los servicios de emergencia:
    - Busque ayuda, llame a los servicios de emergencia e infórmeles de que sospecha un shock anafiláctico.
- Coloque al paciente en posición:
    - Si la persona respira con normalidad y no tiene dificultad respiratoria, túmbela con las piernas elevadas.
    - Si la persona tiene dificultades para respirar o está vomitando, póngala en posición semisentada para facilitarle la respiración.
- Autoinyector de epinefrina:
    - Si el paciente dispone de un autoinyector de epinefrina (EpiPen, Jext, Anapen, etc.), adminístrelo inmediatamente, siguiendo las instrucciones del fabricante.
    - Asegúrese de anotar la hora de la inyección.
- Despeje las vías respiratorias:
    - Si el paciente está consciente pero con dificultad respiratoria, pídale que respire profundamente.
    - Si la persona no respira o lo hace de forma irregular, inicie la reanimación cardiopulmonar (RCP).

- **Evite administrar otros medicamentos** sin instrucciones médicas claras, a menos que formen parte del plan de acción contra la alergia del paciente.
- Vigile al paciente:
  - Quédese con el paciente hasta que llegue la ayuda.
  - Esté preparado para administrar una segunda dosis de epinefrina al cabo de 5 a 15 minutos si los síntomas no mejoran o empeoran.
- Información para los servicios de emergencia:
  - Cuando lleguen los servicios de emergencia, infórmeles de la medicación administrada, la hora de administración y la evolución de los síntomas.
- Transporte sanitario:
  - Incluso si los síntomas mejoran tras la administración de epinefrina, la persona debe ser llevada al hospital para una mayor observación, ya que los síntomas pueden reaparecer.
- Prevención futura:
- Una vez estabilizado el paciente, es crucial abordar la prevención futura, el reconocimiento de los desencadenantes, la propiedad y el uso correcto de un autoinyector de epinefrina y la necesidad de un plan de acción contra la alergia bien definido.

Cada minuto cuenta en caso de choque anafiláctico. Una intervención rápida, siguiendo un protocolo bien definido, puede salvar vidas.

Gestión de las complicaciones graves tras la inmunoterapia

La inmunoterapia, a menudo denominada desensibilización, ha transformado el tratamiento de muchas enfermedades alérgicas. Sin embargo, como cualquier tratamiento médico, la inmunoterapia no está exenta de riesgos. Pueden producirse complicaciones graves, aunque raras. He aquí algunas de ellas, junto con recomendaciones para su tratamiento:

- Reacciones anafilácticas :
  - La reacción más temida es la anafilaxia. Requiere un tratamiento inmediato con epinefrina, una llamada a urgencias y la vigilancia del paciente.
  - Si se produce una reacción de este tipo, debe reconsiderarse la continuación de la inmunoterapia y discutirse con el paciente.
- Reacciones sistémicas :
  - Pueden incluir síntomas como erupciones cutáneas generalizadas, dificultades respiratorias, dolor abdominal, etc.
  - El tratamiento varía en función de l a gravedad de los síntomas, pero puede incluir antihistamínicos, corticosteroides y, en los casos más graves, epinefrina.
- Reacciones locales :
  - Estas reacciones suelen ser menos graves, pero pueden ser dolorosas o molestas. Pueden incluir enrojecimiento, hinchazón o picor en el lugar de la inyección.
  - Los antihistamínicos locales u orales pueden ayudar a aliviar estos síntomas.
- Síndrome de liberación de citoquinas :
  - Aunque es más común con ciertas formas de inmunoterapia contra el cáncer, este síndrome puede provocar fiebre, fatiga, dolores musculares y otros síntomas parecidos a los de la gripe.
  - Generalmente se trata con medicación para reducir la fiebre y el dolor, y con una hidratación adecuada.

- Gestión de complicaciones :
  - La evaluación y la gestión rápidas son esenciales.
  - Todos los pacientes que reciben inmunoterapia deben estar informados de los signos y síntomas de complicaciones graves y saber cuándo y cómo buscar ayuda médica.
  - Es crucial que el personal que administra la inmunoterapia esté formado para reconocer y gestionar las complicaciones.
- Reevaluación del tratamiento :
  - Si surgen complicaciones, debe reevaluarse la inmunoterapia. Esto podría incluir ajustes de la dosis, la ampliación del periodo de observación tras la inyección o, en algunos casos, la interrupción de la inmunoterapia.
- Prevención de complicaciones :
  - Una evaluación exhaustiva del paciente antes de iniciar la inmunoterapia, junto con un seguimiento regular, puede ayudar a reducir el riesgo de complicaciones.
  - Administrar dosis gradualmente crecientes y seguir los protocolos establecidos también ayuda a minimizar los riesgos.

La clave para controlar las complicaciones graves tras la inmunoterapia es la preparación. Disponer de un plan, ser consciente de los riesgos y estar preparado para intervenir rápidamente puede marcar la diferencia entre una complicación controlada y una situación potencialmente mortal.

Manejo de emergencias dentro y fuera del hospital

Hacer frente a una emergencia médica puede variar según se produzca dentro o fuera del hospital. Ambos contextos presentan retos y ventajas únicos, y la capacidad de respuesta y la preparación son esenciales en ambos casos.

En los hospitales:
- Disponibilidad de recursos :
  - La mayor ventaja de una urgencia hospitalaria es la rápida disponibilidad de recursos médicos, equipamiento y personal formado.
- Respuesta rápida:
  - En la mayoría de los hospitales existe un equipo de respuesta rápida o de reanimación para responder inmediatamente a las emergencias.
- Acceso a los historiales médicos :
  - Los historiales médicos electrónicos pueden proporcionar rápidamente información vital sobre el historial médico de un paciente, sus alergias, su medicación, etc.
- Transferencia interna :
  - En caso necesario, los pacientes pueden ser trasladados rápidamente a las unidades de cuidados intensivos o a otros departamentos especializados.

Fuera de los hospitales:
- Primeros oradores:
  - Los primeros intervinientes, como los paramédicos, desempeñan un papel crucial a la hora de estabilizar al paciente y prestarle los primeros auxilios.
- Comunicación :
  - La coordinación con los centros de llamadas de emergencia (como el 112 en Europa o el 911 en Norteamérica) es vital. Proporcionan instrucciones en tiempo real y alertan a los servicios de emergencia adecuados.

- Retos del transporte :
    - Es esencial un transporte rápido y seguro al hospital más cercano. Esto puede complicarse por la distancia, el tráfico, las condiciones meteorológicas, etc.
- Limitaciones de recursos :
    - Las ambulancias están bien equipadas, pero no disponen de todos los recursos de un hospital. El objetivo suele ser estabilizar al paciente para su transporte.
- Formación en primeros auxilios :
    - Los espectadores de una emergencia pueden desempeñar un papel crucial si están formados en primeros auxilios. Maniobras básicas como la reanimación cardiopulmonar (RCP) o el uso de un desfibrilador externo automático (DEA) pueden salvar vidas mientras se espera a que llegue la ayuda.

Asesoramiento sobre cuidados eficaces:
- **Formación**: Los profesionales sanitarios y el público en general deberían considerar la posibilidad de recibir formación en primeros auxilios y reanimación cardiopulmonar.
- **Preparación**: los hospitales deben realizar periódicamente simulacros de emergencia para garantizar que el personal sabe cómo reaccionar.
- **Comunicación**: Es esencial una comunicación clara y eficaz entre todas las partes interesadas.
- **Actualización de conocimientos**: Los protocolos de emergencia evolucionan con el tiempo y la investigación. Por lo tanto, la formación continua es esencial.

Hacer frente a las emergencias, ya sean hospitalarias o extrahospitalarias, requiere una capacidad de respuesta, una preparación y una coordinación eficaces para garantizar el mejor resultado posible para el paciente.

Capítulo 21

ALERGIAS
ALIMENTARIAS

Principales alérgenos alimentarios y su reconocimiento

Las alergias alimentarias son reacciones inmunológicas a determinadas proteínas de los alimentos. Estas reacciones pueden ir desde una simple irritación cutánea hasta síntomas potencialmente mortales como el shock anafiláctico. Reconocer estos alérgenos es crucial para prevenir y controlar las reacciones alérgicas.

Los principales alérgenos alimentarios:
* Huevos :
    * Especialmente las proteínas contenidas en las claras de huevo. Las reacciones suelen variar en gravedad.
* Leche :
    * Algunas personas son alérgicas a la caseína o a otras proteínas presentes en la leche de vaca. Esto no debe confundirse con la intolerancia a la lactosa, que es una incapacidad para digerir el azúcar de la leche.
* Cacahuetes :
    * Se trata de las alergias más comunes y a menudo las más graves, que pueden provocar un shock anafiláctico.
* Nueces :
    * Como anacardos, avellanas, almendras y pacanas. Las reacciones pueden ser graves.
* Soja :
    * Las proteínas de la soja pueden provocar reacciones en algunas personas, especialmente en los niños, aunque muchos las superan durante la infancia.
* Trigo :
    * La alergia al trigo es diferente de la enfermedad celíaca. La desencadenan las proteínas del trigo y no el gluten.

- Peces :
  - Especialmente en adultos, y las reacciones suelen ser graves.
- Crustáceos :
  - Como las gambas, los cangrejos y las langostas. Esta alergia es más frecuente en adultos que en niños.

Reconocimiento de alérgenos alimentarios:
- Lectura de etiquetas :
  - Compruebe siempre las etiquetas de los alimentos para identificar posibles alérgenos. En muchos países, es obligatorio indicar la presencia de los principales alérgenos en el envase.
- Haga preguntas durante las comidas fuera:
  - Si come en un restaurante o en casa de alguien, pregunte siempre cómo se prepara la comida y qué ingredientes se utilizan.
- Evite la contaminación cruzada:
  - Asegúrese de limpiar bien todos los utensilios y superficies de cocina después de su uso para detectar posibles alérgenos.
- Pruebas de alergia :
  - Las pruebas cutáneas o los análisis de sangre pueden ayudar a identificar los alérgenos alimentarios. Consulte a un alergólogo para obtener un diagnóstico preciso.
- Lleve un diario de alimentos:
  - Si sospecha que padece una alergia alimentaria, lleve un diario de lo que come y anote cualquier síntoma que experimente. Esto puede ayudar a aislar el alérgeno potencial.

Reconocer y evitar los alérgenos es la clave para prevenir las reacciones alérgicas. En caso de duda, siempre es mejor consultar a un especialista para obtener el asesoramiento y el apoyo adecuados.

La importancia de una historia alimentaria

El historial dietético es un procedimiento médico esencial cuyo objetivo es recopilar y evaluar información sobre el consumo de alimentos de un individuo de forma sistemática y detallada. Proporciona una imagen precisa de los hábitos alimentarios, las preferencias, las aversiones y cualquier reacción o síntoma asociado al consumo de determinados alimentos. He aquí por qué es tan importante:

1. Diagnóstico de alergias e intolerancias alimentarias :
El historial alimentario es el primer paso crucial en el diagnóstico de alergias e intolerancias. Al escuchar atentamente al paciente describir sus síntomas después de comer determinados alimentos, el profesional puede identificar tendencias o posibles desencadenantes.

2. Prevención de enfermedades :
Los estudios han demostrado que la dieta desempeña un papel importante en la prevención de muchas enfermedades, como las cardiovasculares, la diabetes y ciertos tipos de cáncer. Un historial dietético puede ayudar a identificar riesgos y orientar a los pacientes hacia opciones alimentarias más saludables.

3. Control del peso :
La obesidad es un importante problema de salud pública. Al conocer los hábitos alimentarios de un paciente, los profesionales sanitarios pueden recomendar cambios dietéticos que favorezcan la pérdida de **peso o el mantenimiento de un peso saludable.**

4. Optimizar la nutrición :
Para los pacientes con necesidades nutricionales específicas, como las mujeres embarazadas, los deportistas o los ancianos, un historial dietético detallado permite adaptar las recomendaciones alimentarias a sus necesidades.

5. Seguimiento de la malnutrición :
En ciertas poblaciones vulnerables, como los ancianos, los niños o las personas que padecen enfermedades crónicas, un historial dietético es una herramienta valiosa para detectar signos de malnutrición o deficiencias nutricionales.

6. Adaptación de los tratamientos médicos :
Algunos medicamentos pueden interactuar con alimentos o nutrientes. Un historial dietético preciso permite ajustar los tratamientos en consecuencia.

7. Evaluar los hábitos alimentarios :
Además del simple consumo de alimentos, el historial puede revelar trastornos alimentarios como la bulimia o la anorexia, que requieren un tratamiento específico.

8. Establecer una relación de confianza :
La historia dietética es un momento de intercambio entre el paciente y el profesional sanitario. Permite establecer una relación de confianza, esencial para el éxito de cualquier intervención dietética o médica.

El historial dietético es una herramienta esencial para conocer el estado de salud, los hábitos y las necesidades del paciente. Permite ofrecer una atención individualizada y adaptada, lo que garantiza una mejor calidad asistencial. Es crucial que los profesionales sanitarios le dediquen el tiempo y la atención necesarios.

Intervenciones en caso de reacción alérgica a los alimentos

Ante una reacción alérgica alimentaria, es crucial actuar con rapidez y eficacia para evitar que los síntomas empeoren y para salvar vidas en caso de reacción grave. He aquí una lista de medidas a tomar:

1. Evaluación de la gravedad :
   - Identifique los síntomas. Las reacciones alérgicas alimentarias pueden manifestarse en forma de picor, enrojecimiento, hinchazón (cara, labios, lengua), dificultades respiratorias, vómitos, diarrea, malestar general, palpitaciones, descenso de la tensión arterial, etc.
2. Deje de comer el alérgeno :
   - Si la persona sigue comiendo el alimento responsable, es esencial pedirle que deje de hacerlo inmediatamente.
3. Administre un antihistamínico :
   - Si los síntomas son leves (erupción cutánea, picor), puede administrarse un antihistamínico oral, siempre que haya sido prescrito previamente por un médico.
4. Uso del autoinyector de epinefrina :
   - En caso de síntomas graves o anafilaxia (reacción alérgica grave y rápida), si la persona dispone de un autoinyector de epinefrina (como el EpiPen), debe utilizarlo inmediatamente siguiendo las instrucciones facilitadas por el médico.
5. Llame a los servicios de emergencia :
   - Llame al número local de emergencias (como el 112 en Europa o el 911 en Estados Unidos) al primer signo de una reacción grave. No intente trasladar usted mismo a la persona al hospital.

6. Coloque a la persona en una posición segura:
   - Si la persona está consciente, colóquela en una posición cómoda, impida que beba o coma nada e intente tranquilizarla.
   - Si pierde el conocimiento, póngala en posición lateral.
7. Vigilancia continua :
   - Vigile el estado de la persona hasta que llegue la ayuda. Los síntomas pueden empeorar o reaparecer incluso después de una aparente mejoría.
8. Informe a los servicios de emergencia :
   - Cuando lleguen los servicios de emergencia, infórmeles de los alimentos consumidos, el tiempo que han tardado en aparecer los síntomas, la medicación administrada (incluida la dosis de epinefrina, si se ha utilizado) y cualquier otro detalle relevante.
9. Consulta médica :
   - Incluso después de que la reacción se haya estabilizado, el paciente debe consultar a un médico o alergólogo para analizar la reacción y ajustar el plan de tratamiento si es necesario.

Es crucial que cualquier persona con una alergia alimentaria, y quienes le rodean, reciban la formación adecuada para reconocer los síntomas y saber cómo reaccionar en caso de crisis. Una formación adecuada puede significar la diferencia entre la vida y la muerte en caso de una reacción alérgica grave.

Educación del paciente y la familia para evitar la exposición

Educar a los pacientes y a sus familias es una parte fundamental de la prevención de la exposición alergénica. He aquí algunos pasos y consejos clave para garantizar una educación eficaz:

1. Comprender las alergias :
   - Empiece por explicar claramente qué es una alergia, cómo reacciona el sistema inmunitario a un alérgeno y por qué ciertas reacciones pueden ser graves.
2. Identificación del alérgeno :
   - Una vez diagnosticada la alergia, es esencial enseñar al paciente y a su familia a reconocer el alérgeno, ya sea un alimento, un medicamento, una sustancia química u otro producto.
3. Lectura de las etiquetas :
   - En el caso de las alergias alimentarias, enseñe a leer e interpretar correctamente las etiquetas de los productos. Céntrese en comprobar si hay ingredientes ocultos o trazas de alérgenos.
4. Gestión del hogar :
   - Dar consejos sobre cómo minimizar la exposición al alérgeno en casa. Esto podría incluir recomendaciones sobre limpieza, almacenamiento de alimentos o evitar ciertos productos.
5. Plan de acción contra la alergia :
   - Elabore un plan de acción personalizado para cada paciente, en el que se detallen las medidas a tomar en caso de exposición al alérgeno. Este plan debe ser accesible y comprensible para todos los miembros de la familia.
6. Formación en el uso de medicamentos :
   - Si el paciente tiene medicación de emergencia, como un autoinyector de epinefrina, asegúrese de que él y su familia saben cómo y cuándo utilizarlo.
7. Educación escolar y social :
   - Conciencie a las familias de la importancia de comunicarse con las escuelas, clubes, amigos y otras instituciones sobre las alergias. Facilíteles documentos o cartas explicativas si es necesario.
8. Gestión de situaciones sociales :
   - Dar consejos sobre cómo gestionar las salidas, las comidas en restaurantes o los viajes. Puede incluir

recomendaciones sobre cómo comunicarse con el personal o cómo preparar comidas seguras con antelación.

9. Conozca los signos y síntomas :
   - Asegúrese de que los pacientes y sus familiares reconocen los primeros signos de una reacción alérgica y saben cuándo y cómo buscar ayuda.

10. Fomentar la responsabilidad :
   - Anime a los pacientes, especialmente a los más jóvenes, a tomarse en serio su alergia y a ser proactivos en el control de su salud.

11. Recursos y apoyo :
   - Remita a los pacientes y sus familias a grupos de apoyo, sitios web educativos u otros recursos que puedan ayudarles a gestionar y comprender mejor su alergia.

La educación es un arma poderosa en la prevención de la exposición alergénica. Al proporcionar las herramientas y los conocimientos necesarios, usted permite a los pacientes y a sus familias vivir de forma segura e independiente al tiempo que controlan eficazmente sus alergias.

Capítulo 22

ALERGOLOGÍA E INMUNOLOGÍA PEDIÁTRICAS

Características especiales atención pediátrica

El cuidado de los niños con alergias o problemas inmunológicos difiere del de los adultos en varios aspectos. He aquí las particularidades de esta población específica:

1. Presentación clínica :
   - Los síntomas de las alergias o los trastornos inmunológicos en los niños pueden diferir de los de los adultos. Por ejemplo, la dermatitis atópica o eccema es frecuente en niños pequeños, mientras que el asma alérgica es más común en niños mayores.
2. Diagnóstico :
   - Las pruebas alergológicas e inmunológicas deben adaptarse a la edad del niño. Además, los niños pueden no ser capaces de expresar sus síntomas con claridad, por lo que es esencial una observación cuidadosa.
3. Administración de fármacos :
   - Las dosis de los fármacos para los niños se basan generalmente en su peso, lo que requiere una atención especial para garantizar una administración precisa.
4. Desarrollo del sistema inmunitario :
   - El sistema inmunológico de los niños aún está en desarrollo, lo que puede afectar a cómo reaccionan a los alérgenos y a cómo se desarrollan sus alergias con el tiempo.
5. Desarrollo de alergias :
   - Algunas alergias pueden disiparse con el tiempo. Por ejemplo, muchos niños superan una alergia a la leche o al huevo a medida que crecen.

6. Educación :
- Educar a los niños sobre su enfermedad requiere un enfoque diferente al de los adultos. Se trata de hacer que la información sea accesible al tiempo que se les anima a asumir la responsabilidad adecuada a su edad.

7. Familias implicadas :
- La implicación de los padres o tutores es esencial en el tratamiento de las alergias y los trastornos inmunitarios en los niños. Desempeñan un papel fundamental en la vigilancia, la administración de la medicación y la prevención de la exposición.

8. Entorno escolar :
- Es crucial comunicarse con los profesores, las autoridades escolares y otros padres para garantizar que el entorno escolar sea seguro para el niño.

9. Aspectos psicosociales :
- Los niños con alergias o trastornos inmunitarios pueden sentirse aislados o diferentes de sus compañeros. El apoyo psicológico y social puede ser necesario para ayudar al niño a gestionar estos sentimientos.

10. Dieta :
- Si el niño tiene alergias alimentarias, esto puede requerir una atención especial en términos de nutrición para garantizar que recibe todos los nutrientes esenciales al tiempo que evita los alérgenos.

11. Planes de emergencia :
- Dado que los niños pasan mucho tiempo en la escuela o en otras actividades, es vital disponer de un plan de acción de emergencia claramente definido y comunicado a todos los implicados.

12. Aspectos éticos :
- Al igual que con cualquier intervención médica en niños, es esencial tener en cuenta las cuestiones éticas, sobre todo en lo que respecta al consentimiento y el asentimiento.

La atención alergológica e inmunológica pediátrica requiere un enfoque holístico que tenga en cuenta las necesidades únicas del niño y su familia. El objetivo principal es garantizar la seguridad y el bienestar del niño, ofreciéndole al mismo tiempo la mejor calidad de vida posible.

Alergias en lactantes y niños pequeños

En los bebés y los niños pequeños, el sistema inmunitario aún está en desarrollo. Esto puede hacerles más vulnerables a ciertas alergias, aunque algunas desaparezcan con el tiempo. He aquí un resumen de las alergias más comunes en este grupo de edad, junto con consejos sobre cómo controlarlas.

1. Alergias alimentarias :
   - **Síntomas**: Eczema, urticaria, vómitos, diarrea, angioedema y, en casos extremos, shock anafiláctico.
   - **Alérgenos comunes** : Leche de vaca, huevos, frutos de cáscara, cacahuetes, pescado, soja, trigo.
   - **Gestión**: Eliminar el alérgeno de la dieta, educar a los padres sobre la lectura de las etiquetas, llevar una pulsera de alerta de alergia.
2. Dermatitis atópica (eczema) :
   - **Síntomas**: Piel seca, enrojecida y con picor. Puede infectarse si se rasca.
   - **Manejo**: Hidratación de la piel, cremas tópicas, evitar desencadenantes como ciertos jabones o tejidos.
3. Alergia a los ácaros del polvo doméstico :
   - **Síntomas**: Estornudos, secreción nasal, picor de ojos.
   - **Gestión**: Utilice fundas a prueba de ácaros para la ropa de cama, aspire con frecuencia, evite las pelusas.

4. Rinitis alérgica :
- **Síntomas**: Estornudos, congestión nasal, ojos llorosos.
- **Manejo**: Identificación y evitación de los alérgenos, uso de antihistamínicos con el consejo del pediatra.
5. Asma :
- Aunque el asma no es una alergia, a menudo se relaciona con las alergias.
- **Síntomas**: Tos, sibilancias, dificultad para respirar.
- **Manejo**: Uso de inhaladores, identificación y evitación de desencadenantes.

Consejos para los padres:
- **Consulta**: Si sospecha que su hijo tiene una alergia, consulte a un alergólogo o pediatra para que le hagan pruebas y le aconsejen.
- **Lactancia materna**: La lactancia materna exclusiva durante al menos los primeros 6 meses puede ayudar a prevenir ciertas alergias.
- **Introducir alérgenos**: Siga las recomendaciones de su pediatra para introducir posibles alérgenos en la dieta de su hijo.
- **Evite los alérgenos**: Aprenda a reconocer y evitar los alérgenos comunes en los alimentos y el entorno.
- **Plan de acción**: elabore un plan de acción contra la alergia, especialmente si su hijo tiene reacciones graves. Asegúrese de que los cuidadores de su hijo conocen este plan.

Las alergias en bebés y niños pequeños pueden ser preocupantes para los padres. Sin embargo, con una identificación precoz, un tratamiento adecuado y educación, muchos niños pueden llevar una vida normal y feliz mientras controlan sus alergias. En algunos casos, los niños pueden incluso superar sus alergias con el tiempo.

Apoyo psicológico
para los niños y sus familias

Cuando a un niño se le diagnostica una alergia, no sólo le afecta a él, sino a toda la familia. El impacto psicológico puede ser significativo. Comprender y gestionar estos aspectos emocionales es crucial para el bienestar del niño y de su familia.

1. Impacto en el niño:
   * **Miedo y ansiedad**: El miedo a una reacción alérgica puede causar ansiedad en los niños, especialmente en acontecimientos sociales como los cumpleaños.
   * **Aislamiento social**: Los niños pueden sentirse diferentes de sus compañeros y optar por aislarse para evitar la exposición a los alérgenos.
   * **Sentirse estigmatizado**: El niño puede sentirse estigmatizado o avergonzado por su enfermedad.
2. Impacto en la familia:
   * **Estrés paterno**: Los padres pueden sentir una ansiedad constante por la salud de su hijo, sobre todo cuando no está en casa.
   * **Hermanos**: Los hermanos pueden sentirse desatendidos o celosos de la atención extra que se presta al niño alérgico. También pueden sentir miedo por su hermano o hermana.
   * **Presiones diarias**: preparar comidas, leer etiquetas, organizar salidas... Todo puede resultar agotador para los padres.
3. Apoyo psicológico:
   * **Terapia individual**: Un psicólogo puede ayudar a los niños a controlar sus miedos y reforzar su confianza en sí mismos.
   * **Terapia familiar**: Ayuda a hacer frente a las tensiones familiares y a reforzar el apoyo dentro de la familia.

- **Grupos de apoyo**: Compartir experiencias con otras familias que se enfrentan a los mismos retos puede ser beneficioso.

4. Estrategias para los padres:

- **Comunicación abierta**: Anime a su hijo a expresar sus miedos y preocupaciones.
- **Educación**: Educar a los niños sobre su condición para que puedan protegerse.
- **Inclusión**: Asegúrese de que el niño participa en tantas actividades como sea posible. Colabore con las escuelas y los clubes para garantizar un entorno seguro.
- **Refuerzo positivo**: Elogie a su hijo cuando controle bien su enfermedad.

5. Educación entre iguales:

- Hacer que los compañeros de clase y los profesores sean conscientes de la enfermedad del niño puede ayudar a crear un entorno más comprensivo.

6. Recursos:

- Busque asociaciones y organizaciones que ofrezcan apoyo, talleres y recursos para los niños alérgicos y sus familias.

Controlar la alergia de un niño requiere un enfoque holístico que abarque no sólo el tratamiento médico, sino también el apoyo emocional y psicológico. Si se dota a los niños y a sus familias de las herramientas y el apoyo adecuados, podrán superar con éxito los retos que plantean las alergias y llevar una vida plena.

Transición a la atención de adultos

La transición de la atención pediátrica a la de adultos es una etapa delicada y crucial en la vida de un paciente que sufre trastornos alérgicos o inmunológicos. Marca la transición de un entorno generalmente más protector a otro en el que se da más importancia a la autonomía y la responsabilidad individual. Esta transición debe abordarse con cuidado para garantizar la continuidad de los cuidados y preservar la calidad de vida del paciente.

1. Prepararse para la transición:
   - **Educación temprana**: A partir de la adolescencia, los pacientes deben ser informados de la necesidad de la transición y de lo que conlleva. Se les debe ayudar a comprender su enfermedad, sus tratamientos y las responsabilidades que conllevan.
   - **Planificación**: Debe elaborarse un plan de transición mucho antes de la mayoría de edad. Este plan debe incluir una evaluación de las capacidades, necesidades y preocupaciones del paciente.
2. Papel de los profesionales sanitarios:
   - **Coordinación**: Los profesionales sanitarios, ya sean de pediatría o de medicina de adultos, deben colaborar para garantizar una transición fluida.
   - **Seguimiento estrecho**: Al principio de la transición, puede ser necesario acudir a citas más frecuentes para asegurarse de que el paciente se está adaptando bien al nuevo entorno asistencial.
3. Autonomía del paciente:
   - **Gestión de la medicación**: Los pacientes deben recibir formación para gestionar su propia medicación, reconocer los síntomas y saber cuándo y cómo buscar ayuda.
   - **Capacitación**: Animar a los pacientes a responsabilizarse de sus citas médicas, renovaciones de recetas e interacciones con el sistema sanitario.
4. Apoyo emocional:
   - **Preocupación y ansiedad**: La transición al cuidado de adultos puede ser preocupante. Ofrecer apoyo psicológico puede ayudar a abordar estos sentimientos.

- **Grupos de apoyo**: Unirse a un grupo de apoyo para jóvenes adultos que se enfrentan a retos similares puede ser beneficioso.

5. Retos específicos de la transición:

- **Cambios institucionales**: Pasar de un hospital infantil a un hospital de adultos puede resultar intimidante. Una visita preliminar puede ayudar a disipar ciertos temores.

- **Confidencialidad**: Los adultos tienen mayores derechos a la confidencialidad, lo que puede requerir ajustes, en particular para los padres que están acostumbrados a estar estrechamente implicados.

6. El papel de los padres y cuidadores:

- **Dejar ir gradualmente**: Fomentar la independencia no significa abandonar el apoyo. Los padres deben encontrar un equilibrio entre fomentar la independencia y ofrecer la ayuda necesaria.

La transición de la atención pediátrica a la atención adulta es un paso importante. Una preparación cuidadosa, una comunicación abierta y un apoyo constante pueden ayudar a garantizar que esta transición transcurra lo mejor posible, poniendo a los pacientes en el camino de gestionar su salud de forma independiente y eficaz en la edad adulta.

Capítulo 23

INMUNODEFICIENCIAS PRIMARIAS

Reconocimiento de los principales síndromes de inmunodeficiencia

Los síndromes de inmunodeficiencia hacen referencia a un grupo de enfermedades en las que el sistema inmunológico no funciona correctamente o es insuficiente, exponiendo al individuo a infecciones recurrentes y a veces graves. Estas deficiencias pueden ser innatas (presentes desde el nacimiento) o adquiridas. El reconocimiento precoz de estos síndromes es esencial para instaurar un tratamiento adecuado y evitar complicaciones.

1. Inmunodeficiencia primaria (IDP):
Las DIP son generalmente de origen genético y suelen aparecer en la infancia.
- Deficiencia de anticuerpos:
    - *Globulinemia ligada al cromosoma X (Bruton)*: ausencia de inmunoglobulinas en la sangre.
    - *Deficiencia común variable*: reducción de varios tipos de inmunoglobulina.
- Pérdidas combinadas:
    - *Síndrome de DiGeorge:* ausencia o hipoplasia del timo que provoca una deficiencia de células T.
    - Inmunodeficiencia combinada grave (IDCG): deficiencia tanto de células B como T.
- Deficiencias fagocíticas:
    - *Enfermedad granulomatosa crónica*: incapacidad de los neutrófilos para destruir ciertas bacterias u hongos.
- Activación inmunitaria y síndromes autoinflamatorios:
    - *Síndrome de hiper IgM*: aumento de IgM y disminución de otras inmunoglobulinas.
2. Inmunodeficiencias secundarias (o adquiridas):
A diferencia de las DIP, las inmunodeficiencias secundarias son el resultado de una causa externa.

- **VIH/SIDA**: el virus de la inmunodeficiencia humana ataca y destruye las células CD4, esenciales para la respuesta inmunitaria.
- **Tratamientos inmunosupresores**: fármacos como los corticosteroides, los inmunosupresores postrasplante o ciertos agentes anticancerígenos pueden afectar al sistema inmunitario.
- **Cánceres**: algunos cánceres, en particular la leucemia y el linfoma, pueden debilitar la respuesta inmunitaria.
- **Malnutrición**: una ingesta nutricional inadecuada puede comprometer la función inmunitaria.
- **Infecciones crónicas**: ciertas infecciones, como la tuberculosis, pueden debilitar el sistema inmunitario con el tiempo.

Signos evocadores:
- Infecciones recurrentes o inusualmente graves.
- Infecciones causadas por patógenos oportunistas.
- Retraso del crecimiento o del desarrollo en los niños.
- Manifestaciones autoinmunes.
- Granulomas en varios órganos.

Ante infecciones repetidas, inusuales o graves, es esencial sospechar una inmunodeficiencia. A menudo es necesaria una evaluación inmunológica completa para confirmar el diagnóstico. Un tratamiento precoz puede mejorar considerablemente la calidad de vida de los pacientes y reducir el riesgo de complicaciones graves.

Seguimiento del paciente con inmunodeficiencia

El seguimiento regular de los pacientes con inmunodeficiencia es crucial para evaluar la evolución de la enfermedad, prevenir complicaciones, ajustar el tratamiento y garantizar el bienestar general del paciente.

La complejidad de esta atención requiere un enfoque multidisciplinar.

1. Evaluación clínica periódica :
   - **Frecuencia de las consultas** : Los pacientes pueden requerir consultas frecuentes, dependiendo de la gravedad de su afección y del tipo de inmunodeficiencia.
   - **Control de las infecciones**: Es esencial detectar a tiempo cualquier infección para poder tratarla antes de que empeore.
   - **Evaluación del desarrollo** : El seguimiento regular del desarrollo físico y mental de los niños es crucial.
2. Seguimiento biológico :
   - **Pruebas inmunológicas**: para evaluar el funcionamiento y el estado del sistema inmunitario.
   - **Hemograma**: Para controlar los niveles de las diferentes células sanguíneas.
   - **Serología**: Para detectar ciertas infecciones.
3. Prevención de infecciones :
   - **Vacunas**: Puede ser necesario vacunarse adecuadamente, sobre todo para evitar ciertas infecciones.
   - **Profilaxis antimicrobiana**: Algunos pacientes pueden requerir profilaxis a largo plazo para prevenir infecciones específicas.
   - **Medidas higiénicas**: Asesoramiento sobre las medidas higiénicas a adoptar para minimizar el riesgo de infección.
4. Tratamientos específicos :
   - **Terapia sustitutiva**: como las inmunoglobulinas intravenosas o subcutáneas para pacientes con una deficiencia de anticuerpos.
   - **Tratamientos inmunomoduladores**: Para ajustar la actividad del sistema inmunitario.
   - **Trasplante**: como los trasplantes de médula ósea para la inmunodeficiencia combinada grave.

5. Seguimiento psicosocial :
- **Apoyo psicológico**: Muchos pacientes y sus familias necesitan apoyo psicológico para ayudarles a afrontar su diagnóstico y los retos de la vida cotidiana.
- **Adaptación a la escuela o al trabajo**: Los niños pueden necesitar arreglos especiales en la escuela.
6. Coordinación con otros especialistas :
- Dado que la inmunodeficiencia puede afectar a varios órganos y sistemas, a menudo es necesaria una estrecha coordinación con otros especialistas (neumólogos, gastroenterólogos, dermatólogos, etc.).
7. Educación del paciente y la familia :
- Es esencial educar a los pacientes y a sus familias sobre la enfermedad, los signos de alerta de una posible infección, cómo manejar la medicación y las medidas a tomar para minimizar los riesgos.

El seguimiento de los pacientes con inmunodeficiencia es un proceso complejo que requiere un enfoque personalizado. La colaboración entre los profesionales sanitarios, los pacientes y sus familias es la clave para garantizar la mejor calidad de vida posible a estos pacientes.

Prevención de infecciones en estos pacientes

Los pacientes con inmunodeficiencia son especialmente vulnerables a las infecciones debido a la reducida o nula capacidad de su sistema inmunológico para combatir los agentes patógenos. Por ello, la prevención de las infecciones es un elemento clave en su tratamiento. He aquí algunas medidas esenciales para prevenir las infecciones en estos pacientes:

1. Vacunas apropiadas :
   - Asegúrese de que el paciente recibe todas las vacunas recomendadas, evitando las vacunas vivas atenuadas que podrían ser peligrosas para ciertos pacientes inmunodeprimidos.
   - Supervisar las respuestas a las vacunas para garantizar su eficacia.
2. Profilaxis antimicrobiana :
   - Administrar fármacos antimicrobianos como medida preventiva para evitar infecciones específicas, sobre todo en pacientes de alto riesgo.
3. Estrictas medidas de higiene :
   - Practique una buena higiene de manos utilizando agua y jabón o desinfectantes de manos a base de alcohol.
   - Evite tocarse la cara, especialmente los ojos, la nariz y la boca.
   - Mantenga las heridas limpias y bien cubiertas.
4. Protección contra las infecciones respiratorias :
   - Evite las multitudes y los lugares públicos durante las temporadas de gripe o epidemias.
   - Utilice una mascarilla cuando visite hospitales u otros entornos de alto riesgo.
   - Anime a sus familiares y amigos a vacunarse contra la gripe para crear una barrera de protección.
5. Asegure la fuente de alimentación :
   - Favorezca los alimentos cocinados o bien lavados.
   - Evite los alimentos de alto riesgo como la carne cruda, el pescado crudo, los huevos crudos y los productos lácteos no pasteurizados.
6. Agua potable :
   - Asegúrese de que sólo bebe agua purificada o hervida, especialmente en zonas donde el agua potable pueda estar contaminada.
7. Prevención de infecciones cutáneas :
   - Evite los baños prolongados y el agua estancada.
   - Utilice lociones hidratantes para evitar que la piel se agriete y se cuartee.

- Esté atento a signos de infección como enrojecimiento, calor, hinchazón o dolor.
8. Prevención de infecciones oportunistas :
- Ciertos agentes patógenos, generalmente inofensivos para una persona sana, pueden causar enfermedades graves en pacientes inmunodeprimidos. Su identificación y tratamiento preventivo pueden ser esenciales.
9. Educación y sensibilización :
- Eduque a los pacientes y a sus familias sobre los riesgos de infección y las medidas preventivas que deben adoptar.
- Anime a los pacientes a reconocer los primeros signos de infección para que puedan ser tratados rápidamente.
10. Coordinación con otros especialistas :
- Trabajar en estrecha colaboración con otros profesionales sanitarios para garantizar una atención integral y prevenir infecciones.

La prevención de infecciones en pacientes inmunodeficientes requiere un enfoque proactivo, individualizado y multidisciplinar para garantizar su seguridad y bienestar.

Educación y apoyo al paciente y sus familias

Educar a los pacientes y a sus familias es esencial en el tratamiento de las alergias y las enfermedades inmunológicas. Su objetivo no es sólo informar, sino también capacitar a los pacientes, convirtiéndolos en protagonistas activos de su propia salud. He aquí algunos elementos clave de esta educación, junto con estrategias para proporcionar el apoyo adecuado:

1. Información sobre la enfermedad o alergia :
   - Ofrezca una explicación clara y comprensible de la enfermedad, sus síntomas y su curso.
   - Explique los posibles desencadenantes o alérgenos específicos relacionados con la afección.
2. Gestión de la medicación :
   - Enseñar el uso correcto de los medicamentos, su dosificación, frecuencia y posibles efectos secundarios.
   - En caso de alergias, muestre cómo utilizar un autoinyector de epinefrina, si se lo han recetado.
3. Reconocer las señales de advertencia :
   - Eduque a los pacientes y a sus familias sobre cómo identificar los primeros signos de una reacción alérgica grave o de una exacerbación de la enfermedad, y sobre cuándo buscar ayuda médica.
4. Estrategias de prevención :
   - Dar consejos para evitar los alérgenos, una nutrición adecuada y otras medidas preventivas.
5. Gestión del miedo y la ansiedad :
   - Ofrecer apoyo psicológico para ayudar a pacientes y familiares a afrontar la incertidumbre, el miedo y la ansiedad asociados a la enfermedad.
6. Fomentar la independencia :
   - Educar a los pacientes, en particular a los niños y adolescentes, para que se hagan cargo gradualmente de su propia salud, lo que incluye el reconocimiento de los síntomas y la gestión de la medicación.
7. Grupos de apoyo :
   - Remitir a los pacientes y sus familias a grupos de apoyo locales o nacionales, donde puedan hablar con otras personas en situaciones similares.
8. Recursos educativos :
   - Proporcionar folletos, vídeos, sitios web y otros recursos educativos para ampliar sus conocimientos.
9. Plan de acción personalizado :
   - Elabore un plan de acción con el paciente en caso de crisis o exacerbación, y asegúrese de que la familia y

los amigos lo entienden claramente y pueden acceder a él.

10. Promover el diálogo abierto :

   • Anime a los pacientes y a sus familiares a que hagan preguntas, compartan sus preocupaciones y establezcan una comunicación regular con los profesionales sanitarios.

Educar a los pacientes y a sus familias es una parte fundamental de la atención alergológica e inmunológica. No sólo mejora la calidad de vida de los pacientes, sino que también ayuda a prevenir complicaciones potencialmente graves. Un enfoque empático, paciente y atento es esencial para establecer una relación de confianza, que será beneficiosa para el tratamiento general del paciente.

Capítulo 24

CALIDAD
DE VIDA
Y
SEGUIMIENTO
A
LARGO PLAZO

Evaluación de la calidad de vida de los pacientes alérgicos e inmunodeprimidos

La calidad de vida es un indicador esencial de la atención general al paciente. Para quienes padecen alergias o están inmunodeprimidos, su afección médica puede tener un gran impacto en su bienestar físico, emocional, social y funcional. Evaluar su calidad de vida va mucho más allá de la simple medición de los síntomas. He aquí cómo puede enfocarse esta evaluación:

1. Cuestionarios normalizados :
Existen cuestionarios específicos para evaluar la calidad de vida de los pacientes alérgicos o inmunodeprimidos. Estas herramientas estandarizadas proporcionan una evaluación objetiva basada en criterios preestablecidos. Algunos ejemplos son:
  - El Cuestionario de Calidad de Vida de los Alérgicos (AQLQ) para las alergias.
  - El Cuestionario de calidad de vida para pacientes inmunodeficientes (QoL-PID).
2. Evaluación física :
  - Medir el impacto de los síntomas en las actividades diarias del paciente.
  - Evalúe la frecuencia y gravedad de los episodios alérgicos o infecciosos.
3. Evaluación emocional :
  - Hable de los sentimientos de miedo, ansiedad, depresión o aislamiento que pueden acompañar a estas afecciones.
  - Evalúe el nivel de estrés del paciente en relación con su enfermedad y sus implicaciones.
4. Impacto social :
  - Examine cómo afecta la enfermedad a la capacidad del paciente para participar en actividades sociales, escolares o laborales.

- Hable de las dificultades encontradas en las relaciones interpersonales como consecuencia de la enfermedad.

5. Evaluación funcional :
- Determinar hasta qué punto la afección limita la capacidad del paciente para realizar tareas cotidianas, como vestirse, comer o desplazarse.

6. Satisfacción con la atención :
- Evaluar la satisfacción del paciente con la atención médica, el tratamiento y la comunicación con los profesionales sanitarios.

7. Aspectos económicos :
- Comprender cómo afecta la enfermedad a la situación económica del paciente, en términos de costes de tratamiento, días de baja laboral y otros factores financieros.

8. Aspectos educativos :
- Evaluar la comprensión del paciente sobre su enfermedad, los tratamientos disponibles y cómo puede gestionar su enfermedad en el día a día.

9. Retroalimentación de familiares y amigos :
- A veces, obtener información de familiares o amigos cercanos puede dar una perspectiva diferente sobre cómo afecta la enfermedad a la vida del paciente.

10. Seguimiento regular :
- La evaluación de la calidad de vida no debe ser algo puntual. Debe llevarse a cabo con regularidad para controlar la evolución del paciente, ajustar los tratamientos y asegurarse de que se tienen en cuenta las necesidades cambiantes del paciente.

Evaluar la calidad de vida de los pacientes alérgicos e inmunodeprimidos es esencial para proporcionarles una atención holística y personalizada. Esto no sólo aborda los síntomas físicos, sino también los retos emocionales, sociales y funcionales a los que pueden enfrentarse los pacientes. Un enfoque multidimensional, combinado con una escucha activa y empática, garantiza una atención óptima y mejora el bienestar general del paciente.

Acción de mejora bienestar del paciente

Mejorar el bienestar de los pacientes, en particular de los que sufren alergias o afecciones inmunológicas, requiere un enfoque integral que abarque el tratamiento de los síntomas físicos, el apoyo psicológico y la consideración de los aspectos sociales y medioambientales. He aquí algunas intervenciones que pueden ayudar a mejorar el bienestar de estos pacientes:

1. Intervenciones médicas :
   - **Optimizar el tratamiento**: Asegurarse de que el paciente recibe el tratamiento más adecuado para su dolencia, ajustándolo periódicamente según sea necesario.
   - **Educación terapéutica**: educar a los pacientes sobre su enfermedad, los tratamientos y la mejor forma de controlar sus síntomas.
   - **Prevención**: Sugiera vacunas apropiadas y otras medidas para prevenir las infecciones en pacientes inmunodeprimidos.
2. Apoyo psicológico :
   - **Terapia individual**: Puede ayudar a controlar la ansiedad, la depresión o cualquier otro problema psicológico asociado a la enfermedad.
   - **Grupos de apoyo**: Pueden proporcionar una plataforma para compartir experiencias y obtener apoyo emocional.
   - **Técnicas de relajación**: La meditación, la atención plena y otras técnicas pueden ayudar a controlar el estrés.

3. Educación y sensibilización :
- **Talleres educativos**: Organización de talleres para ayudar a los pacientes a entender su enfermedad y cómo manejarla.
- **Sensibilizar a la opinión pública**: Hacer que el público en general sea más consciente de los retos a los que se enfrentan las personas con alergias o inmunodeficiencias puede ayudarles a integrarse en la sociedad.

4. Adaptación al entorno :
- Aconsejar sobre modificaciones en el hogar para reducir los alérgenos, como el uso de fundas antiácaros, purificación del aire, etc.
- Promover espacios de trabajo adaptados para las personas con alergias graves.

5. Intervención social :
- Facilitar el acceso a servicios como la ayuda a domicilio o los servicios de rehabilitación.
- Ofrecer programas de reinserción profesional para quienes hayan tenido que interrumpir su carrera a causa de su enfermedad.

6. Nutrición :
- Ofrezca consejos dietéticos para evitar los alérgenos alimentarios y promueva una dieta equilibrada.
- Fomente hábitos alimentarios que favorezcan el sistema inmunológico.

7. Actividad física :
- Fomente una actividad física regular adecuada, que puede aumentar el bienestar general y mejorar el sistema inmunológico.

8. Intervenciones adicionales :
- **Terapias complementarias**: como la acupuntura, la aromaterapia o la terapia de masajes, que pueden ayudar a mejorar el bienestar.
- **Medicina integrativa**: Combinación de tratamientos convencionales y alternativos para un enfoque holístico.

9. Seguimiento regular :
  - Visitas regulares con el médico de cabecera o la enfermera especializada para evaluar la evolución de la enfermedad y ajustar las intervenciones.
10. Uso de la tecnología :
  - Ofrezca aplicaciones o plataformas digitales para el seguimiento de los síntomas, la toma de medicamentos o la telemedicina.

Mejorar el bienestar de los pacientes requiere un enfoque multidimensional y centrado en el paciente. Comprendiendo las necesidades individuales de cada paciente y proponiendo intervenciones específicas, es posible mejorar su calidad de vida y ayudarles a gestionar su enfermedad con eficacia.

Seguimiento y consideraciones a largo plazo para una vida normal

El seguimiento a largo plazo de los pacientes con alergias o trastornos inmunitarios es esencial para garantizar una calidad de vida óptima. Vivir con estas afecciones suele requerir ajustes, pero con un tratamiento adecuado, la mayoría de los pacientes pueden llevar una vida lo más normal posible. He aquí algunos puntos clave a tener en cuenta para el seguimiento a largo plazo y para promover una vida normal:

1. Consultas médicas regulares :
  - Las visitas rutinarias permiten controlar la evolución de la enfermedad, ajustar los tratamientos y detectar cualquier complicación.
2. Formación continua :
  - Los pacientes deben ser informados regularmente de los últimos descubrimientos y recomendaciones relativos a su enfermedad.

- Aprender los signos de alerta de una exacerbación o reacción alérgica puede ayudar a una intervención precoz.
3. Autogestión :
   - Las habilidades de autogestión, como reconocer los desencadenantes de la alergia o gestionar la medicación, son cruciales.
4. Apoyo psicosocial :
   - Vivir con alergias o inmunodeficiencias puede repercutir en la salud mental. El acceso al apoyo psicológico, ya sea mediante terapia o grupos de apoyo, es esencial.
5. Integración social :
   - Fomente la participación en actividades sociales, deportivas y culturales, tomando las precauciones necesarias.
   - Sensibilizar a familiares y amigos, profesores y empresarios sobre las necesidades específicas del paciente.
6. Plan de acción de emergencia :
   - Todos los pacientes con riesgo de reacciones graves, como la anafilaxia, deben tener un plan de acción de emergencia claramente definido y compartido con las personas de su entorno.
7. Estilo de vida saludable :
   - Una dieta equilibrada, el ejercicio regular y un sueño adecuado pueden mejorar el bienestar general y reforzar el sistema inmunológico.
8. Precauciones específicas :
   - Por ejemplo, los pacientes con alergias alimentarias deben aprender a leer atentamente las etiquetas, mientras que los que padecen alergias ambientales pueden tener que adaptar su hogar.
9. Transiciones asistenciales :
   - Garantizar una transición fluida de la atención pediátrica a la de adultos.

10. Cumplimiento del tratamiento :
- Utilice recordatorios, aplicaciones u otras herramientas para asegurarse de que la medicación se toma según lo prescrito.
11. Trabajo en red :
- Poner en contacto a los pacientes con asociaciones o grupos de apoyo específicos para su enfermedad puede ser una valiosa fuente de consejos y camaradería.
12. Consideraciones profesionales y académicas :
- Dependiendo de la gravedad de su enfermedad, algunos pacientes pueden necesitar adaptaciones en el trabajo o en la escuela.
13. Viajes y ocio :
- Los pacientes deben ser informados sobre las precauciones que deben tomar al viajar, como tomar medicación adicional o comprobar las instalaciones médicas de su destino.

El objetivo de los cuidados de larga duración es permitir a los pacientes llevar una vida lo más normal posible, a pesar de los retos de su enfermedad. Esto requiere una estrecha colaboración entre los cuidadores, los pacientes, sus familias y la sociedad en su conjunto para crear un entorno en el que los pacientes puedan prosperar mientras controlan su salud.

Retos y éxitos de las historias de pacientes

Las historias de los pacientes con alergias o trastornos inmunitarios pueden variar considerablemente en función de su experiencia individual, su estado de salud, su entorno y su atención médica. Cada historia es única, pero a menudo comparten retos comunes, así como momentos de éxito y esperanza. He aquí algunos de los retos y éxitos que se encuentran con frecuencia:

Desafíos :

Diagnóstico: Algunos pacientes pueden pasar años sin un diagnóstico preciso, lo que puede provocar frustración y complicaciones.

Estigmatización e incomprensión: Las personas con alergias alimentarias u otras afecciones pueden encontrarse con que sus problemas son incomprendidos o minimizados por quienes les rodean o por la sociedad en su conjunto.

Restricciones diarias: Evitar los alérgenos comunes o controlar un sistema inmunitario debilitado puede conllevar restricciones en la vida diaria, que van desde la dieta hasta la participación en ciertas actividades.

Efectos secundarios de los tratamientos : Los medicamentos y otras intervenciones pueden tener efectos secundarios molestos o graves.

Apoyo psicológico: Vivir con una enfermedad crónica puede repercutir en su salud mental, incluido el estrés, la ansiedad y la depresión.

Costes médicos: Las consultas médicas, los tratamientos y los procedimientos pueden ser caros, lo que supone una presión financiera para los pacientes.

Éxitos y momentos de esperanza :

Obtener un diagnóstico: Para muchas personas, recibir un diagnóstico preciso es un alivio porque les da una orientación para el tratamiento.

Encontrar un tratamiento eficaz: Encontrar un tratamiento o intervención que funcione puede mejorar considerablemente la calidad de vida.

- **Comunidades de apoyo**: Los grupos de apoyo y las comunidades en línea pueden ser una valiosa fuente de consejos, camaradería y comprensión.
- **Educación y concienciación**: Educar a los familiares y a la comunidad amplía la comprensión y la simpatía por la enfermedad.
- **Momentos de normalidad**: Ya sea comer un alimento sin una reacción alérgica gracias al tratamiento de inmunoterapia, o participar en una actividad sin preocuparse por la exposición a un alérgeno, estos momentos en los que la enfermedad no define su existencia son preciosos para los pacientes.
- **Contribución a la investigación**: Algunos pacientes deciden participar en ensayos clínicos, lo que supone una valiosa contribución al avance de la medicina y al descubrimiento de nuevos tratamientos.
- **Historias inspiradoras**: Muchos pacientes utilizan sus experiencias para educar, inspirar y apoyar a otros, ya sea a través de blogs, conferencias o voluntariado.

Los retos y éxitos de los pacientes de alergología e inmunología ponen de relieve la resistencia, el valor y la determinación que muestran muchas personas ante la adversidad sanitaria. Sus historias pueden inspirar y educar a otros, y reforzar la importancia de un tratamiento médico cuidadoso y de la investigación continua en estos campos.

Capítulo 25

ASPECTOS GENÉTICOS Y ALERGOLOGÍA E INMUNOLOGÍA

Genética de las alergias e inmunodeficiencias

La genética desempeña un papel importante en la predisposición de las personas a padecer alergias e inmunodeficiencias. Aunque el medio ambiente y otros factores también influyen, los estudios han demostrado que la genética puede aumentar el riesgo de desarrollar estas afecciones. He aquí un resumen de los vínculos entre la genética, las alergias y las inmunodeficiencias:

Genética y alergias :

Atopia: La atopia es una predisposición genética a desarrollar alergias. Si uno o ambos progenitores son atópicos (es decir, tienen antecedentes de asma, rinitis alérgica o eccema), aumenta el riesgo de que su hijo desarrolle una alergia.

Polimorfismos: La investigación ha identificado polimorfismos específicos (variaciones genéticas) asociados a un mayor riesgo de alergias. Estos polimorfismos pueden afectar a la forma en que el sistema inmunitario reconoce los alérgenos y responde a ellos.

Estudios de gemelos: Los estudios de gemelos monocigóticos (idénticos) han mostrado una mayor concordancia de las alergias que los gemelos dicigóticos (fraternos), lo que sugiere un fuerte componente genético.

Genética e inmunodeficiencias :

Inmunodeficiencias primarias (IDP): Estas deficiencias suelen estar causadas por mutaciones genéticas hereditarias que afectan al desarrollo o la función del sistema inmunitario. Se han identificado más de 300 tipos diferentes de IDP, muchas de las cuales están asociadas a mutaciones genéticas específicas.

Transmisión hereditaria: Los modos de transmisión de la DIP pueden ser autosómico recesivo, autosómico dominante o ligado al cromosoma X. Comprender el modo de herencia ayuda a los médicos a asesorar a las familias sobre el riesgo que corren otros miembros de la familia o los futuros hijos.

Asesoramiento genético: A menudo se recomienda el asesoramiento genético a las familias con antecedentes de DIP con el fin de evaluar el riesgo para los miembros actuales y futuros de la familia y proporcionar información sobre la planificación familiar y las opciones de tratamiento.

Retos e investigación en curso :
Los avances tecnológicos, en particular la secuenciación genómica de nueva generación, están permitiendo descubrir nuevos genes asociados a las alergias y las IDP. Estos descubrimientos pueden ayudar a :

- Comprender los mecanismos subyacentes de las alergias y las IDP.
- Identifique a las personas en riesgo antes de que aparezcan los síntomas.
- Desarrollar nuevos tratamientos dirigidos a las causas genéticas subyacentes.

Aunque el medio ambiente, la exposición a alérgenos y otros factores desempeñan un papel en el desarrollo de alergias e inmunodeficiencias, la genética es un componente clave. La investigación sigue ampliando nuestra comprensión de los vínculos genéticos, ofreciendo nuevas perspectivas para el diagnóstico, la prevención y el tratamiento de estas afecciones.

Asesoramiento genético para las familias

El asesoramiento genético es un proceso que ayuda a las personas o a las familias a comprender los riesgos de las enfermedades genéticas. Su objetivo es informar y orientar a las personas sobre las implicaciones, la naturaleza, la prevención, el cribado y el diagnóstico de las afecciones genéticas. He aquí una visión general del asesoramiento genético para familias:

Objetivos del asesoramiento genético :

- **Educación**: Proporcionar información detallada sobre la enfermedad o afección genética en cuestión.
- **Evaluación del riesgo**: Estimación del riesgo de desarrollar o transmitir una enfermedad genética.
- **Orientación**: Ayudar a las personas a tomar decisiones informadas sobre el cribado, la gestión y la planificación familiar.
- **Apoyo**: Proporcionar apoyo emocional a las personas o familias que se enfrentan al diagnóstico o al riesgo de padecer una enfermedad genética.

Proceso de asesoramiento genético :

- **Recopilación del historial médico**: Recopilación de información detallada sobre el historial médico y familiar para evaluar el riesgo genético.
- **Interpretación del historial**: Análisis de la información recopilada para identificar patrones o riesgos de enfermedad genética.
- **Educación**: Explicación de cómo se transmite la enfermedad, su prevalencia, los síntomas y las opciones de detección y tratamiento.
- **Discusión de las implicaciones**: Exploración de las implicaciones del riesgo genético para el individuo, sus hijos u otros miembros de la familia.
- **Toma de decisiones**: Debate sobre las distintas opciones disponibles, como las pruebas genéticas, el

seguimiento médico, las intervenciones preventivas o las decisiones sobre procreación.

- **Apoyo psicológico**: Ayuda para gestionar el estrés, el miedo, la culpa u otras emociones asociadas a un riesgo genético.

Pruebas genéticas :

- Estas pruebas pueden confirmar un diagnóstico, estimar el riesgo de desarrollar una enfermedad o determinar el riesgo de transmisión a la descendencia.
- El asesor genético proporciona información sobre los beneficios, los riesgos y las limitaciones de las pruebas genéticas.

Los retos del asesoramiento genético :

- **Complejidad de la información**: La genética puede ser compleja, y a algunas personas o familias puede resultarles difícil comprender plenamente sus implicaciones.
- **Emociones fuertes**: Enterarse de que es portador de un gen que le predispone a una enfermedad puede provocar fuertes reacciones emocionales.
- **Decisiones difíciles**: Algunas personas pueden enfrentarse a decisiones difíciles sobre el cribado, la prevención o la procreación.

El asesoramiento genético es una herramienta valiosa para ayudar a las personas y a las familias a comprender y gestionar los riesgos asociados a las afecciones genéticas. Un enfoque empático, informativo y centrado en el paciente es esencial para apoyar a las personas a través de este proceso a menudo complejo y emocional.

Avances tecnológicos
y pruebas genéticas

Los avances tecnológicos han revolucionado el campo de las pruebas genéticas, permitiendo descubrimientos y aplicaciones clínicas sin precedentes. He aquí un resumen de las principales innovaciones e impactos en este campo:

1. Secuenciación de próxima generación (NGS) :

   Descripción: La NGS permite secuenciar millones de fragmentos de ADN simultáneamente.

   Impacto: Esto ha hecho que la secuenciación del genoma humano sea mucho más rápida y barata, allanando el camino para pruebas genéticas más accesibles y análisis más profundos.

2. Paneles genéticos :

   Descripción: En lugar de analizar un solo gen cada vez, los paneles genéticos analizan simultáneamente varios genes, generalmente relacionados con una afección o un grupo de afecciones.

   Impacto: Los paneles permiten identificar mutaciones en afecciones raras o inesperadas, lo que mejora el diagnóstico y el tratamiento.

3. Pruebas genéticas directas al consumidor :

   Descripción: Estas pruebas, como las que ofrecen 23andMe o AncestryDNA, permiten a los consumidores enviar una muestra de saliva para obtener información genética sin acudir a un profesional sanitario.

   Impacto: Han popularizado la genética entre el gran público, aunque su utilidad clínica está a veces abierta al debate.

4. CRISPR-Cas9 :

   Descripción: Una tecnología de modificación genómica que puede utilizarse para dirigir y modificar específicamente segmentos de ADN en el genoma.

Impacto: Tiene el potencial de tratar enfermedades genéticas dirigiéndose y corrigiendo las mutaciones que causan la enfermedad.

5. Farmacogenética :

Descripción: Estudio de cómo los genes de un individuo influyen en su respuesta a los fármacos.

Impacto: Permite la medicina personalizada, en la que los tratamientos pueden adaptarse a la composición genética del individuo para maximizar su eficacia y minimizar los efectos secundarios.

6. Bioinformática :

Descripción: Utilización de programas informáticos y herramientas matemáticas para interpretar y analizar datos genéticos.

Impacto: La bioinformática es esencial para procesar e interpretar las cantidades masivas de datos generados por técnicas como la NGS.

7. Pruebas prenatales no invasivas :

Descripción: Pruebas que utilizan una simple muestra de sangre materna para analizar el ADN fetal circulante y detectar determinadas afecciones genéticas.

Impacto: Ofrecen una opción menos arriesgada que los métodos invasivos como la amniocentesis.

Retos y consideraciones éticas :

A pesar de los avances, siguen existiendo retos y preocupaciones éticas asociados a las pruebas genéticas, como :

Privacidad y confidencialidad de los datos genéticos.

Posible discriminación genética.

La forma en que se comunica la información a los pacientes.

La interpretación de variantes genéticas de significado desconocido.

Las implicaciones psicológicas de un diagnóstico genético.

Los avances tecnológicos han transformado el campo de las pruebas genéticas, abriendo nuevas oportunidades para el diagnóstico, el tratamiento y la prevención de enfermedades. Sin embargo, estos avances también van acompañados de importantes retos que deben abordarse de forma ética y responsable.

Ética e implicaciones sociales genética en alergología

La ética en la genética, especialmente en el campo de la alergología, es de vital importancia ya que la información genética puede tener profundas implicaciones no sólo para el individuo afectado, sino también para su familia y la sociedad en su conjunto. He aquí algunas de las cuestiones éticas y las implicaciones sociales asociadas a la genética en alergología:

1. Confidencialidad y privacidad :
   - La información genética es extremadamente personal. Es crucial garantizar que estos datos estén protegidos y no se divulguen sin el consentimiento del paciente.
2. Discriminación genética :
   - Existe una preocupación legítima de que la información genética pueda utilizarse para discriminar a las personas, ya sea en el empleo, en los seguros o en otros ámbitos. Algunos países han aprobado leyes para proteger contra esta forma de discriminación.
3. Consentimiento informado :
   - Antes de someterse a pruebas genéticas, los pacientes deben estar plenamente informados de las implicaciones, los riesgos y los posibles beneficios. Deben comprender las posibles consecuencias de

descubrir una predisposición genética a una alergia u otra afección.

4. Información para la familia :

Si se descubre que un individuo es portador de una mutación genética que le predispone a una alergia grave, esto tiene implicaciones para los parientes cercanos que también pueden estar en riesgo. Cómo, cuándo y a quién comunicar esta información se convierte en una cuestión ética compleja.

5. Pruebas genéticas en niños :

¿Deben someterse los niños a pruebas para detectar la predisposición genética a las alergias, sobre todo si no es posible intervenir antes de la edad adulta? Las consecuencias psicológicas y sociales de tal información deben sopesarse cuidadosamente.

6. Implicaciones psicosociales :

El descubrimiento de una predisposición genética puede tener repercusiones en la autoestima y la identidad personal, y puede provocar ansiedad o estrés.

7. Directrices de tratamiento genético :

Si un individuo tiene una predisposición genética a una alergia, ¿podría esto influir en las recomendaciones de tratamiento, como evitar ciertas terapias o preferir determinadas intervenciones? Y si es así, ¿cuáles son las implicaciones éticas de tal práctica?

8. Comercialización de pruebas genéticas :

Con el auge de las pruebas genéticas directas al consumidor, ¿cómo podemos garantizar que estas pruebas sean precisas, fiables y se utilicen de forma ética?

9. Equidad y acceso :

El acceso a las pruebas genéticas y al tratamiento posterior puede variar en función de los recursos, la ubicación geográfica u otros factores socioeconómicos. ¿Cómo puede garantizarse la equidad en el acceso a estos recursos vitales?

La intersección de la genética y la alergología ofrece oportunidades apasionantes para mejorar la atención al paciente. Sin embargo, también plantea importantes cuestiones éticas que deben considerarse y abordarse cuidadosamente para garantizar que estos avances beneficien a todos y respeten los derechos y la dignidad de las personas.

Capítulo 26

MANIFESTACIONES CUTÁNEAS EN ALERGOLOGÍA

Urticaria y angioedema

La urticaria y el angioedema son dos manifestaciones cutáneas relacionadas con la liberación de histamina y otros mediadores inflamatorios en la dermis. Estas afecciones pueden presentarse juntas o por separado.

Urticaria
Definición
La urticaria se caracteriza por la aparición repentina de placas elevadas, rojas y con picor, a menudo rodeadas por una zona de eritema. Estas placas, conocidas como pápulas urticariales, pueden variar en tamaño y forma.
Causas
La urticaria puede estar desencadenada por diversos factores, como :
- Reacciones alérgicas (alimentos, medicamentos, picaduras de insectos)
- Contacto con ciertas sustancias (látex, ortigas)
- Condiciones físicas (presión, frío, calor, sol, ejercicio)
- Infecciones (víricas, bacterianas, parasitarias)
- Estrés
- Ciertas enfermedades (lupus, ciertos cánceres, enfermedad tiroidea)
- En muchos casos, no se ha identificado la causa exacta.

Tipos
- **Urticaria aguda**: dura menos de 6 semanas, generalmente se debe a una causa específica.
- **Urticaria crónica**: dura más de 6 semanas, a menudo sin causa identificable.

Angioedema
Definición
El angioedema es una inflamación más profunda de la piel, a menudo asociada a la urticaria. Se manifiesta como una hinchazón repentina de las capas más profundas de la piel,

sobre todo alrededor de los ojos y los labios, así como en las manos, los pies y la garganta.

Causas

Los factores desencadenantes son similares a los de la urticaria y pueden incluir reacciones alérgicas, medicación (por ejemplo, inhibidores de la ECA) y factores hereditarios.

Riesgos

El angioedema puede ser peligroso si provoca la inflamación de la garganta, obstruyendo las vías respiratorias.

Tratamiento

El tratamiento de la urticaria y el angioedema tiene como objetivo aliviar los síntomas y evitar los desencadenantes identificados. A menudo se recetan antihistamínicos para reducir el picor y la inflamación. En los casos graves, pueden ser necesarios los corticosteroides orales. Para el angioedema asociado a problemas respiratorios, es esencial una intervención médica urgente.

La urticaria y el angioedema son afecciones comunes que pueden tener un impacto significativo en la calidad de vida de una persona. Comprender los posibles desencadenantes, los síntomas y el tratamiento adecuado es esencial para controlar eficazmente estas afecciones. En caso de síntomas persistentes o graves, se recomienda consultar a un médico.

Dermatitis atópica y eczema

La dermatitis atópica (a menudo llamada eccema atópico) es una afección crónica de la piel que puede causar picor e inflamación de la piel. Forma parte de un grupo de afecciones alérgicas que también incluye el asma, la rinitis alérgica y la urticaria. El término "eccema" suele utilizarse indistintamente con "dermatitis atópica", aunque en realidad se refiere a un grupo más amplio de afecciones dermatológicas inflamatorias.

Dermatitis atópica
Síntomas :
- Enrojecimiento
- Picor intenso
- Piel seca, escamosa o áspera
- Pequeñas protuberancias o vesículas, que pueden supurar o formar costras
- Inflamación e hinchazón
- Pigmentación (a menudo en personas de piel más oscura)

Causas y desencadenantes :
Se desconoce la causa exacta de la dermatitis atópica, pero probablemente se deba a una combinación de factores genéticos y ambientales. Entre los desencadenantes más comunes se incluyen:
- Alérgenos (pólenes, ácaros del polvo, mohos, animales)
- Irritantes (jabones, detergentes, perfumes)
- Variaciones climáticas (frío o sequía)
- Estrés
- Infecciones cutáneas

Tratamiento :
El tratamiento tiene como objetivo reducir el picor, prevenir los brotes e hidratar la piel.
- Hidratantes y emolientes
- Corticosteroides tópicos para reducir la inflamación
- Antihistamínicos para controlar el picor
- Fármacos inmunosupresores en casos graves
- Terapias basadas en la luz (fototerapia)
- Evitar los desencadenantes conocidos

Eczema
Aunque el término "eccema" se utiliza a menudo para describir la dermatitis atópica, en realidad se refiere a un

grupo de afecciones inflamatorias de la piel que también incluyen :

- **Dermatitis de contacto**: causada por el contacto con irritantes o alérgenos.
- **Eccema numular (o discoide):** se caracteriza por manchas redondas y escamosas.
- **Eccema dishidrótico**: pequeñas ampollas en manos y pies.
- **Eccema seborreico**: manchas rojas con escamas amarillentas, a menudo en el cuero cabelludo o la cara.

La dermatitis atópica y otras formas de eccema pueden tener un impacto significativo en la calidad de vida. Aunque no existe una cura definitiva, se dispone de muchas opciones de tratamiento para controlar los síntomas. Es esencial colaborar estrechamente con un dermatólogo o alergólogo para establecer un plan de tratamiento personalizado.

Pruebas cutáneas: técnicas e interpretación

Las pruebas cutáneas se utilizan habitualmente en alergología para determinar si una persona es alérgica a una sustancia específica. Estas pruebas consisten en introducir en la piel una pequeña cantidad del alérgeno sospechoso y observar la reacción.

Técnicas de pruebas cutáneas :

- **Prueba de punción** :
  - Se coloca una gota que contiene el alérgeno sobre la piel, normalmente en el antebrazo o la espalda.
  - La piel situada bajo la gota se pincha suavemente con una pequeña aguja o lanceta.

283

Si se produce una reacción alérgica, aparecerá una pápula (elevación de la piel) rodeada de una zona rojiza en un plazo de 15 a 20 minutos.

Prueba intradérmica :

Se inyecta una pequeña cantidad del alérgeno directamente en la dermis utilizando una jeringa fina.

Este método es más sensible que la prueba de punción, pero también es más probable que produzca reacciones falsas positivas. Suele utilizarse para detectar alergias a medicamentos o venenos de insectos.

Prueba del parche :

Los alérgenos se aplican en parches que luego se pegan a la piel, normalmente en la espalda.

Estos parches suelen dejarse colocados durante 48 horas, tras las cuales se retiran y se toma una primera lectura. A menudo se toma una segunda lectura entre 72 y 96 horas después de la aplicación.

Se utiliza para diagnosticar la dermatitis alérgica de contacto.

Interpretación de los resultados :

Reacción positiva: aparición de una pápula, a menudo acompañada de enrojecimiento y picor. A menudo se mide el tamaño de la pápula. Una reacción mayor sugiere una mayor sensibilidad, pero esto no predice necesariamente la gravedad de los síntomas en caso de exposición real al alérgeno.

Reacción negativa: no hay pápulas ni enrojecimiento. Esto sugiere que el paciente no está sensibilizado al alérgeno probado.

Reacción dudosa o falso positivo: una pequeña reacción que puede deberse a factores distintos de la alergia, como la irritación.

Falsa reacción negativa: ausencia de reacción aunque el paciente sea alérgico. Esto puede ocurrir si el paciente está tomando antihistamínicos o si la prueba no se realiza correctamente.

Precauciones:

Ciertos medicamentos, en particular los antihistamínicos, pueden interferir con las pruebas cutáneas y deben suspenderse antes de la prueba, según le recomiende su médico.

Las pruebas cutáneas no deben realizarse durante un brote de eczema grave o si el paciente ha tenido recientemente una reacción anafiláctica.

Las pruebas cutáneas son una herramienta valiosa para identificar los alérgenos responsables de los síntomas alérgicos. Sin embargo, deben ser realizadas e interpretadas por un especialista formado en alergología para obtener resultados precisos y evitar complicaciones.

Tratamiento y cuidados manifestaciones cutáneas

Las afecciones alérgicas de la piel como la urticaria, la dermatitis atópica (eccema) y la dermatitis de contacto requieren un tratamiento específico para controlar los síntomas, prevenir las exacerbaciones y mejorar la calidad de vida de los pacientes. He aquí una visión general del tratamiento y la gestión de estas afecciones:

1. Urticaria :

Antihistamínicos: Son el pilar del tratamiento. Se prefieren los antihistamínicos de segunda generación, como la cetirizina, la fexofenadina y la loratadina, porque provocan menos somnolencia.

- **Corticosteroides orales**: Se utilizan para los brotes graves de urticaria, pero se evita su uso a largo plazo debido a los efectos secundarios.
- **Omalizumab**: Anticuerpo monoclonal utilizado para tratar la urticaria crónica espontánea que no responde a los antihistamínicos.

2. Dermatitis atópica (Eczema) :
- **Hidratación**: La aplicación regular de emolientes ayuda a reparar la barrera cutánea y a prevenir la sequedad.
- **Corticosteroides tópicos**: Se utilizan para reducir la inflamación. La potencia del corticoide se elige en función de la gravedad del eccema.
- **Inhibidores tópicos de la calcineurina**: El tacrolimus y el pimecrolimus pueden utilizarse en casos de intolerancia o resistencia a los corticosteroides.
- **Dupilumab**: Anticuerpo monoclonal utilizado en el tratamiento de la dermatitis atópica de moderada a grave en adultos y ciertos adolescentes.
- **Fototerapia**: Exposición controlada a los rayos UVB para tratar el eczema grave.

3. Dermatitis de contacto :
- **Evitar el alérgeno**: Una vez identificado el alérgeno mediante una prueba del parche, el paciente debe evitar todo contacto con él.
- **Corticosteroides tópicos**: Se utilizan para reducir la inflamación.
- **Compresas húmedas**: Ayudan a reducir la inflamación y aliviar los síntomas.

Medidas generales :
- **Educación del paciente**: Los pacientes deben ser informados sobre la naturaleza de su enfermedad, los posibles desencadenantes y cómo controlar y prevenir las reagudizaciones.
- **Evite los irritantes**: Los perfumes, tintes, ciertos jabones y detergentes pueden agravar los síntomas

cutáneos. Utilice productos hipoalergénicos y sin perfume.

Control del picor: Mantener las uñas cortas, utilizar antihistamínicos y evitar los desencadenantes puede ayudar a controlar el picor.

Psicoterapia: El estrés puede ser un desencadenante de ciertas afecciones cutáneas. Controlar el estrés mediante la meditación, la relajación o la psicoterapia puede ser beneficioso.

El tratamiento de los trastornos cutáneos suele requerir un enfoque multidisciplinar en el que participan dermatólogos, alergólogos, enfermeras especializadas y otros profesionales sanitarios.

Capítulo 27

NUEVAS TERAPIAS DIRIGIDAS

Anticuerpos monoclonales en alergología

Los anticuerpos monoclonales (mAbs) son moléculas diseñadas para dirigirse específicamente a una sola proteína. En el campo de la alergología, se utilizan para dirigir y neutralizar moléculas clave implicadas en la respuesta alérgica. Estos fármacos ofrecen un enfoque específico para el tratamiento de ciertas alergias y enfermedades asociadas, sobre todo cuando los tratamientos estándar son ineficaces o mal tolerados.

Algunos anticuerpos monoclonales utilizados en alergología son:

Omalizumab (Xolair):

Objetivo: la inmunoglobulina E (IgE). Al unirse a la IgE, el omalizumab impide que se fije a los mastocitos y basófilos, reduciendo así la liberación de histamina y otros mediadores inflamatorios.

Indicaciones: Asma alérgica de moderada a grave, urticaria crónica espontánea.

Dupilumab (Dupixent):

Objetivo: Subunidades de los receptores para la interleucina 4 (IL-4) y la IL-13, citocinas clave implicadas en la respuesta inflamatoria en la dermatitis atópica y el asma.

Indicaciones: Dermatitis atópica de moderada a grave, asma eosinofílica, poliposis nasosinusal.

Mepolizumab (Nucala), Reslizumab (Cinqair), Benralizumab (Fasenra):

Objetivo: IL-5 o su receptor. La IL-5 es esencial para la supervivencia y la función de los eosinófilos, células que desempeñan un papel clave en ciertos tipos de asma.

Indicaciones: Asma eosinofílica grave.

Tezepelumab:

Objetivo: Linfopoyetina del estroma tímico (TSLP), una citocina ascendente que desempeña un papel en la iniciación de las respuestas inflamatorias alérgicas.

Indicaciones: Asma grave no controlada.

Ventajas de los mAbs en alergología:

Tratamiento dirigido: Estos tratamientos se dirigen con precisión a vías específicas implicadas en la patología alérgica.

Respuesta duradera: Algunos pacientes pueden presentar una respuesta prolongada incluso después de interrumpir el tratamiento.

Bien tolerado: Menos efectos secundarios sistémicos que otros tratamientos inmunosupresores.

Limitaciones:

Coste: los mAbs son generalmente caros.

Vía de administración: La mayoría requiere la administración por inyección.

Respuestas variables: No todos los pacientes responden a la terapia o se benefician de ella.

La disponibilidad y el uso de anticuerpos monoclonales en alergología ha revolucionado el tratamiento de ciertas enfermedades alérgicas graves. A medida que avance la investigación, es probable que se identifiquen y se pongan a disposición otras dianas y anticuerpos monoclonales para tratar una gama aún más amplia de enfermedades alérgicas e inmunológicas.

Inmunoterapia específica: avances recientes

La inmunoterapia específica (SIT) o desensibilización a alérgenos es un enfoque terapéutico que se utiliza desde hace más de un siglo para tratar ciertas alergias. Consiste en administrar gradualmente dosis crecientes de un alérgeno específico al paciente, con el objetivo de modificar la respuesta inmunitaria a este alérgeno y reducir o incluso eliminar los síntomas en exposiciones posteriores.

He aquí algunos avances recientes en inmunoterapia específica:

ITS sublingual (SLIT):

La SLIT es una alternativa a la inmunoterapia inyectable (SCIT). Se administra en forma de comprimidos o gotas bajo la lengua.

Los productos SLIT han sido aprobados para el polen de las gramíneas, el polen de los árboles, los ácaros del polvo y otros alérgenos.

ITS para alergias alimentarias:

Los estudios han demostrado resultados prometedores de la IOT oral (IOT) para las alergias a la leche, los huevos, los cacahuetes y otros alimentos.

En 2020 se aprobó en Estados Unidos e l primer tratamiento OIT para la alergia al cacahuete, la Palforzia.

ITS combinado:

Para los pacientes alérgicos a varios pólenes o alérgenos, se están estudiando tratamientos que combinen varios alérgenos.

Optimización del protocolo:

Se están estudiando n u e v o s e n f o q u e s destinados a reducir la duración de la TIE y aumentar al mismo tiempo su eficacia y seguridad, como la TIE de dosis alta y la TIE ultrarrápida.

Aditivos y nuevas formulaciones:

Se está investigando cómo mejorar la eficacia y la seguridad de la TIE mediante el uso de adyuvantes (compuestos que potencian la respuesta inmunitaria) o la modificación de la estructura de los alérgenos.

- ITS para el asma grave:
  - Aunque la TIE se utiliza tradicionalmente para las alergias respiratorias de leves a moderadas, se están realizando estudios para evaluar su eficacia en pacientes asmáticos más graves.
- Uso de biotecnologías:
  - Está en marcha el desarrollo de alérgenos modificados (alérgenos modificados en el laboratorio para reducir su capacidad de provocar una reacción alérgica al tiempo que conservan la capacidad de inducir una respuesta inmunitaria).
- Enfoques personalizados:
  - Con el creciente conocimiento de la genética y la biología de las alergias, se están estudiando enfoques de TIE personalizados basados en el perfil genético o inmunológico del paciente.

La TIE sigue siendo una de las pocas terapias capaces de modificar la progresión natural de la enfermedad alérgica. Con los avances recientes y futuros, su potencial para tratar un mayor número de alergias y pacientes de forma más eficaz y segura es cada vez mayor.

Terapias génicas y células madre para las inmunodeficiencias

Las terapias génicas y los enfoques con células madre han transformado el tratamiento de ciertas inmunodeficiencias primarias (IDP), que son trastornos hereditarios del sistema inmunitario. Estos avances ofrecen la esperanza de tratar, o incluso curar, algunos de estos trastornos a menudo debilitantes y en ocasiones mortales.

- Terapia génica:
  - **Principio**: La terapia génica pretende corregir el gen defectuoso que causa la inmunodeficiencia. Esto se consigue generalmente introduciendo una copia funcional del gen en las células del paciente.
  - **Aplicaciones**: La terapia génica ha tenido más éxito en el tratamiento de la inmunodeficiencia combinada grave (IDCG), en particular la IDCG ligada al cromosoma X y la IDCG causada por la deficiencia de ADA. También se están investigando otras SCID para intervenir con terapia génica.
  - **Metodología**: Normalmente, las células madre hematopoyéticas (que dan lugar a todas las células sanguíneas) se extraen del paciente, se modifican en el laboratorio para introducir el gen correcto y, a continuación, se reinyectan en el paciente.
- Trasplante de células madre hematopoyéticas (HSCT):
  - **Principio**: El objetivo del HSCT es sustituir el sistema inmunitario defectuoso del paciente por un sistema inmunitario sano, generalmente procedente de un donante compatible.
  - **Aplicaciones**: El HSCT se ha utilizado con éxito para tratar varios tipos de IDP, incluida la IDCG y la granulomatosis séptica crónica.
  - **Dificultades: La** principal dificultad del HSCT es encontrar un donante adecuado. Incluso si hay un donante compatible, existe el riesgo de rechazo o de enfermedad de injerto contra huésped (EICH).

- Innovaciones y retos:
  - **Seguridad**: Los primeros enfoques de terapia génica estaban asociados al riesgo de inducir leucemia. Las nuevas técnicas, como el uso de vectores virales autoinactivables, han aumentado la seguridad.
  - **Edición del genoma**: Tecnologías como CRISPR-Cas9 permiten ahora dirigir y corregir con precisión las mutaciones genéticas específicas responsables de la IDP.
  - **Accesibilidad**: Aunque estas terapias ofrecen un potencial revolucionario, su elevado coste y su limitada disponibilidad pueden hacerlas inaccesibles para todos los pacientes.

Las terapias génicas y con células madre ofrecen un inmenso potencial para el tratamiento de las inmunodeficiencias primarias. Aunque siguen existiendo muchos retos, los continuos avances en estas áreas ofrecen la esperanza de mejorar las opciones terapéuticas para los pacientes con IDP.

El futuro del tratamiento: investigación e innovación

El campo de la alergología y la inmunología está en constante evolución, con muchas innovaciones y proyectos de investigación en marcha. He aquí un vistazo a las tendencias, investigaciones e innovaciones que podrían dar forma al futuro de los tratamientos en este campo:

- **Terapias personalizadas**: Con la llegada de la genómica y la biotecnología, los tratamientos pueden adaptarse cada vez más al individuo, lo que permite intervenciones más específicas y eficaces basadas en el perfil genético e inmunológico del paciente.

- **Microbioma e inmunología**: Cada vez se reconoce más que el microbioma, en particular el intestinal, desempeña un papel clave en la modulación del sistema inmunológico. La investigación futura podría centrarse en la manipulación del microbioma para tratar o prevenir enfermedades alérgicas e inmunológicas.
- **Inmunoterapia de nueva generación**: Actualmente se están desarrollando nuevos métodos de administración, como parches cutáneos o comprimidos sublinguales, así como inmunoterapia para nuevos alérgenos.
- **Terapias génicas y celulares**: Como ya se ha mencionado, estas terapias ofrecen la posibilidad de tratar o incluso curar ciertas inmunodeficiencias primarias.
- **Nanotecnología**: La nanotecnología podría utilizarse para dirigir los fármacos de forma más eficaz, reduciendo los efectos secundarios y aumentando la eficacia de los tratamientos.
- **Inteligencia artificial (IA) y medicina predictiva**: la IA podría utilizarse para analizar enormes conjuntos de datos, identificar tendencias o patrones e incluso predecir el riesgo de alergias o inmunodeficiencias en las personas.
- **Vacunas contra la alergia**: Se está investigando el desarrollo de vacunas que puedan prevenir o reducir la gravedad de las reacciones alérgicas.
- **Biológicos y pequeñas moléculas**: Siguen desarrollándose agentes biológicos, como los anticuerpos monoclonales, y pequeñas moléculas dirigidas para tratar diversas afecciones alérgicas e inmunológicas.
- **Educación y concienciación**: Con el aumento de las alergias en todo el mundo, la concienciación y la

educación del público, así como la formación de los profesionales sanitarios, serán esenciales para prevenir y gestionar estas afecciones.

- **Enfoques integradores**: Al reconocer que los pacientes son más que la suma de sus síntomas, un enfoque holístico de la atención podría integrar la nutrición, la psicología, la fisioterapia y otras disciplinas.

El futuro de los tratamientos en alergología e inmunología es prometedor, con una combinación de nuevas tecnologías, enfoques terapéuticos innovadores y una comprensión más profunda de los mecanismos subyacentes de la enfermedad. La clave estará en integrar estos avances de forma centrada en el paciente para ofrecer una asistencia de la máxima calidad.

Capítulo 28

APOYO PSICOLÓGICO Y APOYO

Impacto psicológico alergias crónicas

A menudo se subestima el impacto psicológico de las alergias crónicas. Sin embargo, estas afecciones, como cualquier enfermedad crónica, pueden tener un impacto significativo en el bienestar mental y emocional de una persona. He aquí algunos aspectos de este impacto:

- **Ansiedad y estrés**: El miedo a los alérgenos, sobre todo en el caso de las alergias graves como la alergia a los alimentos, en las que una exposición accidental puede causar anafilaxia, puede provocar una ansiedad constante. Los alérgicos también pueden experimentar estrés al intentar evitar la exposición y controlar sus síntomas.

- **Aislamiento social**: Las personas con alergias alimentarias, por ejemplo, pueden evitar las salidas sociales en las que haya comida de por medio por miedo a sufrir una reacción alérgica. También pueden sentirse excluidos o incomprendidos por sus compañeros.

- **Autoestima e imagen corporal**: Los síntomas alérgicos, como el eccema o la dermatitis atópica, pueden afectar al aspecto físico, lo que puede repercutir en la autoestima y la imagen corporal.

- **Depresión**: La gestión continua de las alergias, el aislamiento social y los retos diarios pueden provocar sentimientos de tristeza, desesperación e incluso depresión.

- **Fatiga**: Los síntomas de la alergia, como la congestión o los estornudos, pueden interrumpir el sueño, lo que provoca fatiga crónica y reduce la calidad de vida.

- **Impacto en la vida diaria**: Actividades cotidianas y sencillas, como comer fuera, elegir productos en el supermercado o viajar, pueden volverse complejas y estresantes para los alérgicos.

- **Agotamiento emocional**: La vigilancia constante necesaria para evitar los alérgenos y controlar los síntomas puede provocar agotamiento emocional.
- **Sentimientos de frustración**: Los alérgicos pueden sentirse frustrados por la persistencia de los síntomas, a pesar de sus esfuerzos por controlarlos.
- **Impacto en los miembros de la familia**: Los padres de niños alérgicos pueden sentirse ansiosos, culpables y estresados por la salud y la seguridad de sus hijos.

Es crucial que los profesionales sanitarios reconozcan y aborden estos aspectos psicológicos cuando atienden a personas alérgicas. Un enfoque global, que incorpore intervenciones psicológicas y educativas, puede ayudar a los pacientes y a sus familias a gestionar mejor los retos emocionales asociados a las alergias crónicas.

Controlar el estrés y la ansiedad en pacientes

Controlar el estrés y la ansiedad es una parte esencial del tratamiento general de los pacientes, sobre todo de los que padecen enfermedades crónicas como las alergias. La ansiedad y el estrés no sólo pueden exacerbar los síntomas fisiológicos, sino también reducir la calidad de vida del paciente. He aquí algunas estrategias y enfoques para ayudar a controlar el estrés y la ansiedad en los pacientes:

- **Educación terapéutica**: Informar a los pacientes sobre su enfermedad y su tratamiento puede reducir la ansiedad asociada a lo desconocido. Una mejor comprensión de su afección puede ayudarles a sentirse más en control.

- **Terapias cognitivo-conductuales (TCC)**: La TCC es una forma de psicoterapia que ayuda a las personas a identificar y cambiar los pensamientos y comportamientos negativos que pueden estar contribuyendo a su ansiedad.
- **Técnicas de relajación**: Métodos como la respiración profunda, la meditación y la relajación muscular progresiva pueden ayudar a reducir el estrés y la ansiedad.
- **Ejercicio físico**: La actividad física puede reducir el estrés liberando endorfinas, que son analgésicos naturales, y ayudando a la gente a alejarse de sus preocupaciones.
- **Terapia de grupo**: Unirse a un grupo de apoyo en el que las personas puedan compartir sus experiencias y sentimientos puede proporcionar un espacio seguro para expresar las preocupaciones y aprender de los demás.
- **Terapias complementarias**: Enfoques como la acupuntura, el yoga y la terapia de masajes pueden ayudar a algunas personas a controlar el estrés.
- **Gestión del tiempo**: Ayudar a los pacientes a organizar sus vidas de forma que eviten el exceso de trabajo, se tomen descansos y prioricen sus actividades puede reducir el estrés.
- **Evitar los estimulantes**: Reducir o eliminar la cafeína y otros estimulantes puede ayudar a reducir la ansiedad en algunas personas.
- **Consulta a un especialista**: En casos de ansiedad grave, puede ser necesaria la derivación a un psicólogo o psiquiatra para una evaluación y tratamiento más exhaustivos.
- **Medicación**: En algunos casos, pueden recetarse medicamentos ansiolíticos o antidepresivos para ayudar a controlar la ansiedad. Estos fármacos deben prescribirse con precaución y bajo supervisión médica.

- **Planificación y preparación**: Para los alérgicos, tener un plan de acción claro en caso de exposición a un alérgeno puede reducir la ansiedad.
- **Técnicas de biorretroalimentación**: Estas técnicas enseñan a los pacientes a controlar ciertas funciones fisiológicas para ayudar a reducir el estrés.

Es crucial reconocer que cada individuo es único. Lo que funciona para una persona puede no funcionar para otra. Por lo tanto, un enfoque personalizado y holístico es esencial para gestionar eficazmente el estrés y la ansiedad en los pacientes.

Grupos de apoyo y redes de autoayuda

Los grupos de apoyo y las redes de autoayuda desempeñan un papel esencial en el tratamiento de los pacientes con enfermedades crónicas, incluidas las alergias y las inmunodeficiencias. Estos grupos proporcionan una plataforma en la que los pacientes, sus familias y sus seres queridos pueden compartir experiencias, intercambiar información y obtener apoyo emocional. He aquí las principales características y ventajas de estos grupos:

- **Apoyo emocional**: Ser escuchado y comprendido por personas que atraviesan situaciones similares puede aliviar los sentimientos de aislamiento y estigmatización. El simple hecho de saber que no está solo puede tener un impacto profundamente beneficioso en su bienestar emocional.
- **Intercambio de información**: Los grupos de apoyo suelen ofrecer una gran cantidad de información basada en la experiencia personal. Los participantes pueden compartir consejos prácticos, sugerencias y recursos que les han funcionado.

- **Educación**: Estos grupos suelen organizar sesiones educativas con profesionales sanitarios para informar a sus miembros sobre los últimos avances médicos, las nuevas terapias y las mejores prácticas en el tratamiento de enfermedades.

- **Defensores del cambio**: Los grupos de apoyo también pueden funcionar como grupos de defensa del paciente, haciendo campaña a favor de cambios políticos, una mejor atención y financiación para la investigación.

- **Actividades sociales y de ocio**: Muchos de estos grupos organizan actos sociales, salidas o talleres que ofrecen una agradable escapada de la rutina diaria de la gestión de la enfermedad.

- **Trabajo en red**: Los grupos permiten a los pacientes y a sus familias crear sólidas redes de apoyo, que pueden ser útiles en momentos de necesidad, como durante una crisis.

- **Fortalecer la** resiliencia: Al compartir historias de éxitos, retos superados y lecciones aprendidas, los miembros pueden inspirar y fortalecer la resiliencia de los demás.

- **Apoyo a familiares y seres queridos**: Estos grupos también proporcionan una plataforma para los familiares y seres queridos de los pacientes, permitiéndoles comprender la enfermedad, aprender la mejor manera de apoyar a su ser querido y gestionar su propio estrés.

- **Vínculos con profesionales sanitarios**: Algunos grupos están afiliados a hospitales o clínicas y pueden facilitar los vínculos con profesionales sanitarios para consultas, asesoramiento o tratamiento.

- **Apoyo en línea**: Con la llegada de las tecnologías digitales, muchos grupos de apoyo ofrecen ahora plataformas en línea, foros y grupos de debate para aquellos que no pueden asistir físicamente a las reuniones.

Al unirse a un grupo de apoyo o a una red de autoayuda, los pacientes no sólo pueden mejorar su calidad de vida, sino también adquirir habilidades y conocimientos que les ayuden a gestionar su enfermedad con eficacia. Es importante elegir un grupo que satisfaga las necesidades específicas del paciente, en un ambiente afectuoso y respetuoso.

Técnicas específicas de asesoramiento para enfermeras de alergología

El papel de la enfermera especializada en alergias va mucho más allá de la simple administración de cuidados médicos. Los pacientes alérgicos pueden experimentar a menudo ansiedad, estrés o frustración relacionados con su enfermedad. El asesoramiento de una enfermera puede ayudar a estos pacientes a comprender, gestionar y convivir mejor con sus alergias. He aquí algunas técnicas específicas de asesoramiento que pueden adoptar las enfermeras especializadas en alergias:

- **Escucha activa**: Escuchar atentamente las preocupaciones, temores y preguntas de los pacientes es esencial. No sólo proporciona información importante para la atención, sino que también demuestra a los pacientes que se les escucha y comprende.
- **Técnicas de interrogatorio**: Formule preguntas abiertas para animar a los pacientes a compartir sus sentimientos y experiencias. Por ejemplo: "¿Cómo se siente con respecto a su alergia?" o "¿A qué retos se enfrenta a diario debido a su alergia?".

- **Validar los sentimientos**: Reconocer y validar los sentimientos del paciente puede ayudar a reforzar el vínculo terapéutico y reducir la ansiedad.
- **Educación**: Proporcionar información clara y comprensible sobre la alergia, sus causas, pruebas, tratamientos y medidas preventivas. Esto puede ayudar a desmitificar la enfermedad y dar a los pacientes una sensación de control.
- **Estrategias de afrontamiento**: Sugiera estrategias para ayudar a los pacientes a controlar el estrés o la ansiedad asociados a su alergia, como la relajación, la meditación o llevar un diario.
- **Técnicas de asertividad**: Animar a los pacientes a comunicarse abiertamente con quienes les rodean sobre sus alergias, a pedir ayuda si es necesario y a defender sus necesidades.
- **Consejos prácticos**: Ofrezca sugerencias sobre cómo manejar las situaciones cotidianas, como preparar las comidas para evitar los alérgenos o manejar las situaciones sociales.
- **Papel de los juegos y escenarios**: Esto es especialmente útil para los niños. Jugar a escenarios puede ayudar a los niños a entender su alergia y a saber cómo reaccionar en determinadas situaciones, como cuando les ofrecen un alimento al que son alérgicos.
- **Grupos de apoyo**: Fomente la participación en grupos de apoyo o talleres educativos en los que los pacientes puedan compartir sus experiencias y aprender de los demás.
- **Refuerzo positivo**: Anime y elogie a los pacientes cuando tomen medidas para controlar eficazmente su alergia, como evitar los alérgenos o seguir un plan de tratamiento.

Es importante que la enfermera alergóloga reciba formación periódica en técnicas de asesoramiento y se mantenga al día de las últimas investigaciones y recomendaciones en el campo de la alergología. Esto les permitirá proporcionar a sus pacientes un apoyo eficaz y basado en pruebas.

308

Capítulo 29

ALERGIAS
A
LOS
MEDICAMENTOS

Mecanismos y manifestaciones reacciones a los medicamentos

Las reacciones a los medicamentos pueden variar considerablemente en gravedad y presentación. Se clasifican en varios tipos, en función de sus mecanismos subyacentes. Comprender estos mecanismos es esencial para realizar un diagnóstico correcto, evitar futuras reacciones y proporcionar un tratamiento adecuado.

1. Tipos de reacciones a los medicamentos:

Tipo I (Reacciones inmediatas o hipersensibilidad inmediata) :

- Mecanismo: Estas reacciones están mediadas por anticuerpos IgE que se unen al fármaco. En una exposición posterior, el fármaco se une a estos anticuerpos IgE, desencadenando la liberación de histamina y otros mediadores químicos a partir de mastocitos y basófilos.
- Manifestaciones: urticaria, angioedema, rinitis, asma, anafilaxia.
- Ejemplos de medicamentos: penicilina, cefalosporinas.

Tipo II (citotoxicidad) :

- Mecanismo: los anticuerpos se unen directamente a una célula diana, provocando su destrucción.
- Síntomas: anemia hemolítica, trombocitopenia, agranulocitosis.
- Ejemplos de medicamentos: penicilina, quinidina, metil-dopa.

Tipo III (reacciones inmunocomplejas) :

- Mecanismo: los complejos fármaco-anticuerpo se depositan en los tejidos, provocando una inflamación.
- Manifestaciones: fiebre, erupción cutánea, artralgia, glomerulonefritis.
- Ejemplos de medicamentos: sulfonamidas, penicilina, fenitoína.

Tipo IV (reacciones retardadas o hipersensibilidad mediada por células) :
- Mecanismo: Mediada por los linfocitos T, que son activados por el fármaco o sus metabolitos.
- Manifestaciones: dermatitis de contacto, erupción maculopapular, fiebre medicamentosa.
- Ejemplos de medicamentos: anticonvulsivos, sulfonamidas, alopurinol.

2. Otras reacciones medicamentosas no inmunológicas:
- **Intolerancia a los medicamentos**: similar a una reacción alérgica, pero sin un mecanismo inmunológico. Por ejemplo, enrojecimiento causado por la niacina.
- **Toxicidad**: efectos secundarios predecibles y dependientes de la dosis, como la toxicidad renal de los aminoglucósidos.
- **Efectos idiosincrásicos**: efectos raros e imprevisibles que no dependen de la dosis. Por ejemplo, la anemia aplásica inducida por el cloranfenicol.
- **Interacciones medicamentosas**: cuando dos o más medicamentos tomados juntos provocan un efecto que no se produce cuando se toman por separado.

3. Diagnóstico y gestión:
- Un historial médico detallado, que incluya cuándo se tomó la medicación, los síntomas y su evolución.
- Las pruebas cutáneas pueden ser útiles para determinadas reacciones alérgicas a fármacos.
- El tratamiento inmediato puede incluir la suspensión del fármaco en cuestión, la administración de un tratamiento sintomático (por ejemplo, antihistamínicos para la urticaria) y, en casos graves, una intervención médica de urgencia (por ejemplo, la administración de epinefrina para la anafilaxia).

Es crucial que los profesionales sanitarios reconozcan las reacciones a los medicamentos, las diferencien de otras afecciones y les proporcionen un tratamiento adecuado para evitar complicaciones potencialmente mortales.

Protocolos de desensibilización

La desensibilización, también conocida como inmunoterapia inductora de tolerancia, es un proceso mediante el cual se expone gradualmente a un paciente a un agente alergénico o medicinal con el fin de aumentar el umbral de tolerancia a dicho agente. Este proceso se utiliza habitualmente para las alergias a medicamentos, sobre todo cuando existe una necesidad absoluta de un fármaco para el que no existe una alternativa adecuada.

Indicaciones para la desensibilización:
- Alergia a un medicamento esencial para el que no existe una alternativa terapéutica equivalente.
- Alergias a venenos de himenópteros para prevenir futuras reacciones anafilácticas.
- Ciertas alergias alimentarias, aunque esta indicación aún está en estudio.

Protocolo general de desensibilización:
- **Evaluación inicial:** Antes de iniciar la desensibilización, es necesario realizar una evaluación completa de la reacción alérgica. Esto incluye un historial detallado de la reacción y, si es posible, pruebas cutáneas.
- **Entorno controlado:** La desensibilización debe realizarse siempre en un entorno médico, en el que se disponga inmediatamente del equipo y los medicamentos necesarios para tratar una reacción anafiláctica.

- **Administración progresiva:** El fármaco o alérgeno se administra empezando con una dosis muy baja, que se aumenta gradualmente según un protocolo predefinido. Esto puede tener lugar a lo largo de varias horas o días.
- **Monitorización continua:** El paciente es monitorizado continuamente durante el proceso para detectar cualquier reacción adversa.
- **Dosis de mantenimiento:** Una vez alcanzada la dosis terapéutica sin que se produzca ninguna reacción, el fármaco puede administrarse según el programa normal de tratamiento.

Algunos ejemplos de protocolos específicos:
- **Desensibilización a los antibióticos (por ejemplo, la penicilina):** El protocolo comienza con una dosis muy baja, normalmente diluida, del fármaco, que se duplica cada 15 o 30 minutos hasta alcanzar la dosis terapéutica.
- **Desensibilización al veneno de himenópteros:** Este procedimiento suele llevarse a cabo durante un periodo más largo, comenzando con una inyección de veneno muy diluido, con aumentos graduales a intervalos definidos, hasta alcanzar la dosis de mantenimiento.
- **Desensibilización a la aspirina:** Este protocolo se utiliza a menudo en pacientes con poliposis nasal y asma exacerbada por la aspirina. Comienza con una dosis muy baja de aspirina, que se aumenta gradualmente hasta la dosis deseada.

Riesgos asociados a la desensibilización:
A pesar de todas las precauciones, siempre existe un riesgo de reacción alérgica durante la desensibilización. Sin embargo, con una estrecha vigilancia, estas reacciones suelen ser menos graves que si el medicamento se administrara en la dosis normal sin desensibilización.

La desensibilización es una potente técnica que permite tratar a los alérgicos con medicamentos o alérgenos esenciales. Siempre debe llevarse a cabo bajo la supervisión de un alergólogo o profesional sanitario capacitado.

Consejos para evitar interacciones y exposiciones

Evitar las interacciones y la exposición a alérgenos o medicamentos potencialmente dañinos es esencial para prevenir reacciones adversas. He aquí algunos consejos generales, seguidos de recomendaciones específicas según el tipo de alérgeno o medicamento:

Consejos generales:

- **Conocimiento de alérgenos/medicamentos: Sea consciente de** las sustancias a las que es alérgico o intolerante.
- **Lea las etiquetas:** Ya se trate de alimentos, medicamentos o cosméticos, lea siempre las etiquetas con atención para detectar la presencia de un alérgeno potencial.
- **Eduque a los que le rodean:** Asegúrese de que su familia, amigos y colegas conocen sus alergias para evitar una exposición accidental.
- **Lleve una pulsera médica:** Una pulsera o tarjeta médica puede informar rápidamente a los profesionales sanitarios en caso de emergencia.
- **Tenga un plan de acción:** Tenga un plan en caso de exposición accidental y tenga siempre a mano la medicación necesaria (por ejemplo, un autoinyector de epinefrina para alergias graves).

Consejos específicos:

- Alergias alimentarias:
  - Evite los restaurantes donde sea probable la contaminación cruzada.
  - Cuando coma fuera, informe siempre al personal sobre sus alergias.
  - Aprenda a cocinar en casa y a preparar comidas sin alérgenos.
- Alergias a medicamentos:
  - Informe a todos sus profesionales sanitarios de sus alergias.
  - Cuando prescriba un nuevo medicamento, compruebe con el farmacéutico si existe alguna interacción o similitud con un medicamento alergénico.
  - Mantenga una lista actualizada de todos sus medicamentos y alergias para poder compartirla con otras personas si surge la necesidad.
- Alergias a las picaduras de insectos:
  - Lleve ropa de manga larga y calzado cerrado cuando esté al aire libre.
  - Evite los perfumes o lociones perfumadas que atraen a los insectos.
  - Manténgase alerta cerca de nidos o zonas donde los insectos sean comunes.
- Alergias al polen y a otros alérgenos del exterior:
  - Quédese en casa los días con recuentos elevados de polen o durante los picos de alérgenos.
  - Utilice filtros de aire en su hogar.
  - Dúchese después de estar al aire libre para eliminar los alérgenos de su piel y cabello.
- Alergias domésticas (ácaros del polvo, moho, animales domésticos):
  - Utilice fundas antiácaros para su ropa de cama.

- Mantenga bajos los niveles de humedad en su casa.
- Aspire regularmente con un filtro HEPA y limpie su casa con frecuencia.
- Evite las alfombras, prefiera los suelos duros.
- Reacciones a fármacos:
  - Sea consciente de los medicamentos y suplementos que toma y de sus posibles interacciones.
  - Consulte siempre a un profesional sanitario antes de añadir un nuevo medicamento o suplemento.

Si sigue estos consejos y se mantiene informado y vigilante, puede reducir considerablemente el riesgo de exposiciones e interacciones no deseadas.

El papel de la enfermera en la vigilancia y educación del paciente

Las enfermeras desempeñan un papel crucial en la atención al paciente. Su papel va mucho más allá de la atención clínica directa, ya que abarca la educación, el asesoramiento, la supervisión y la coordinación de los cuidados. Cuando se trata de alergología e inmunología, he aquí cómo se manifiestan estas funciones:

1. Evaluación y seguimiento:
   - **Evaluación inicial:** La enfermera evalúa el historial médico del paciente, identifica los signos y síntomas de alergias o inmunodeficiencia y recaba información sobre posibles desencadenantes o exposiciones recientes.
   - **Vigilancia continua:** La enfermera vigila regularmente el estado del paciente, en particular sus constantes

vitales, la aparición de nuevos síntomas o el empeoramiento de los ya existentes.

- **Pruebas diagnósticas:** La enfermera puede participar en la realización o interpretación de pruebas cutáneas u otras pruebas diagnósticas.

2. Educación del paciente:

- **Información sobre la enfermedad:** Explique la naturaleza de la alergia o inmunodeficiencia, sus causas, síntomas y curso.

- **Gestión de los medicamentos:** educar a los pacientes sobre los medicamentos prescritos, su modo de acción, dosis, posibles efectos secundarios e interacciones farmacológicas.

- **Evitar los desencadenantes:** aconsejar a los pacientes sobre cómo evitar los alérgenos o desencadenantes, ya sea en los alimentos, el entorno o los medicamentos.

- **Plan de acción de emergencia:** Desarrolle y enseñe un plan de acción para reacciones alérgicas graves, que incluya el uso de un autoinyector de epinefrina.

- **Autocuidados:** Animar y enseñar a los pacientes a controlar sus síntomas en casa, por ejemplo mediante técnicas de desensibilización o higiene.

3. Coordinación de los cuidados:

- **Enlace con otros profesionales sanitarios:** La enfermera trabaja en estrecha colaboración con médicos, farmacéuticos, dietistas, terapeutas respiratorios y otros profesionales sanitarios para garantizar una atención integral.

- **Planificación del alta:** La enfermera desempeña un papel esencial en la planificación del alta, asegurándose de que el paciente dispone de todos los medicamentos, el equipo y las instrucciones necesarias.

4. Apoyo emocional:

- **Escucha y apoyo:** Ofrecer un oído atento y proporcionar apoyo emocional a los pacientes y sus familias ante los retos que plantean las alergias o las inmunodeficiencias.

- **Derivación:** Si es necesario, derive al paciente a servicios de apoyo psicológico o a grupos de apoyo.

La formación y la experiencia de la enfermera de alergología e inmunología la convierten en un valioso recurso para los pacientes y sus familias. No sólo proporcionan cuidados de calidad, sino también educación y apoyo para ayudar a los pacientes a gestionar eficazmente su enfermedad en el día a día.

Capítulo 30

VACUNACIÓN E INMUNOLOGÍA

Beneficios y riesgos de las vacunas para alérgicos

Las vacunas son herramientas esenciales para prevenir las enfermedades infecciosas. Sin embargo, como ocurre con cualquier tratamiento médico, existen beneficios y riesgos asociados a su administración, sobre todo en las personas alérgicas. He aquí un resumen de los beneficios y riesgos de la vacunación para esta población:

Beneficios :
- **Protección contra las enfermedades**: Las vacunas ofrecen protección contra enfermedades potencialmente graves y a veces mortales.
- **Reducción de la transmisión**: Al proteger a los individuos contra ciertas infecciones, las vacunas también reducen el riesgo de transmisión en la población, protegiendo indirectamente a los que no están vacunados.
- **Prevención de complicaciones**: Las personas alérgicas pueden ser más susceptibles a ciertas complicaciones de las enfermedades infecciosas. La vacunación puede reducir este riesgo.
- **Reducción del uso de antibióticos**: Al prevenir ciertas infecciones bacterianas, las vacunas pueden reducir la necesidad de utilizar antibióticos, ayudando así a combatir la resistencia a los antibióticos.

Riesgos :
- **Reacciones alérgicas a los componentes de las vacunas**: Algunas personas pueden ser alérgicas a los componentes presentes en las vacunas, como la gelatina o los conservantes. Estas reacciones alérgicas son poco frecuentes pero pueden ser graves.
- **Anafilaxia**: Aunque es muy poco frecuente, una reacción anafiláctica es una complicación grave que puede producirse tras la vacunación. Por eso es

esencial que la vacunación se realice en un entorno en el que la anafilaxia pueda tratarse rápidamente.

- **Reacciones locales**: El dolor, la hinchazón o el enrojecimiento en el lugar de la inyección son frecuentes, pero suelen ser leves y temporales.
- **Preocupaciones específicas**: Las personas con antecedentes de alergias graves, en particular a un componente de una vacuna, deben discutir los riesgos y beneficios de la vacunación con su alergólogo.

Recomendaciones:

- **Consulta previa**: Las personas con antecedentes de alergias graves o reacciones alérgicas a una vacuna anterior deben consultar a un alergólogo antes de la vacunación.
- Vigilancia **post-vacunación**: Es aconsejable permanecer bajo vigilancia de 15 a 30 minutos después de la vacunación, sobre todo si el individuo tiene antecedentes de alergias graves, con el fin de detectar y tratar rápidamente cualquier reacción alérgica.
- **Información**: Los pacientes deben conocer los signos y síntomas de una reacción alérgica para que puedan buscar ayuda médica en caso necesario.
- **Alternativas a las vacunas**: En ciertos casos, si existe riesgo de alergia a un componente específico de una vacuna, puede haber disponible una versión alternativa de la vacuna sin este componente.

Aunque las vacunas presentan riesgos para los alérgicos, estos riesgos son generalmente bajos, sobre todo si se comparan con los importantes beneficios de la vacunación. Una comunicación abierta con los profesionales sanitarios y una evaluación previa pueden ayudar a minimizar estos riesgos.

Vacunas para pacientes inmunocomprometidos

La vacunación en pacientes inmunocomprometidos es una cuestión importante porque estos pacientes corren un mayor riesgo de infección debido al debilitamiento de su sistema inmunológico. Sin embargo, la elección de las vacunas, su calendario y su eficacia pueden ser diferentes para esta población en comparación con los individuos inmunocompetentes. He aquí una visión general de la vacunación en pacientes inmunocomprometidos:

Tipos de inmunodepresión:
Existen varios tipos de inmunodepresión, entre ellos :
- Congénitas o primarias (como las inmunodeficiencias primarias).
- Adquirida o secundaria (como el VIH, los fármacos inmunosupresores, la quimioterapia, etc.).

Vacunas vivas atenuadas:
- Las vacunas vivas atenuadas contienen virus o bacterias vivos que han sido modificados para que no causen enfermedades.
- Generalmente están **contraindicados** en pacientes inmunodeprimidos por el riesgo de infección.
- Ejemplos: triple vírica (sarampión, paperas y rubéola), BCG, vacuna contra el herpes zóster, vacuna oral contra la polio, etc.

Vacunas inactivadas:
- Estas vacunas contienen virus o bacterias muertos o fragmentos de estos patógenos.
- **Por lo general,** son **seguros** para los pacientes inmunodeprimidos.
- Sin embargo, su eficacia puede verse reducida en estos pacientes.
- Ejemplos: vacunas contra la gripe, polio inactivada, hepatitis B, etc.

Recomendaciones específicas:

- **Antes de la inmunosupresión** planificada: Si es posible, vacune a los pacientes antes del inicio de la inmunosupresión planificada (por ejemplo, antes del trasplante o la quimioterapia). Esto ofrece una mayor probabilidad de una respuesta inmunitaria eficaz.
- **Evite las vacunas vivas**: Cuando el paciente ya está inmunodeprimido, deben evitarse las vacunas vivas a menos que el beneficio supere claramente el riesgo.
- **Seguimiento de los títulos de anticuerpos**: En algunos casos, puede ser útil comprobar los títulos de anticuerpos tras la vacunación para evaluar la respuesta inmunitaria.
- **Vacunación de los contactos**: Vacune a los miembros de la familia y a otros contactos cercanos para reducir el riesgo de exposición al paciente inmunodeprimido. Esto crea un "escudo" alrededor del paciente.

Otras consideraciones:

- **Enfermedades previsibles**: En determinadas situaciones, como antes de una esplenectomía, se recomienda la vacunación contra infecciones específicas (como el neumococo).
- **Consulta a especialistas**: Es crucial consultar a un especialista en inmunología o enfermedades infecciosas para obtener recomendaciones específicas sobre la vacunación de pacientes inmunocomprometidos.

La vacunación de los pacientes inmunodeprimidos es esencial para prevenir las infecciones. Sin embargo, su plan de vacunación debe diseñarse cuidadosamente en función de la naturaleza y el grado de inmunosupresión, los riesgos asociados a vacunas específicas y el riesgo de exposición a patógenos.

Gestión de las reacciones alérgico a las vacunas

La gestión de las reacciones alérgicas a las vacunas es esencial para garantizar la seguridad de los pacientes y mantener al mismo tiempo la confianza del público en los programas de vacunación. Aunque raras, las reacciones alérgicas a las vacunas pueden producirse y deben tratarse con rapidez y eficacia.

Reconocimiento de reacciones alérgicas:
- Reacciones inmediatas:
    - Urticaria o sarpullido
    - Hinchazón de la cara, los labios o la garganta
    - Dificultad para respirar o sibilancias
    - Sentirse indispuesto o débil
    - Aumento de la frecuencia cardiaca
    - Reducir la presión arterial
- Reacciones retardadas:
    - Erupción cutánea, fiebre o dolor articular varios días después de la vacunación.

Prevención de reacciones alérgicas:
- Historial médico detallado:
    - Antes de la vacunación, pregunte al paciente sobre cualquier antecedente de alergias, en particular reacciones alérgicas a vacunas anteriores o a sus componentes.
- Conozca los componentes de la vacuna:
    - Algunos pacientes pueden ser alérgicos a componentes específicos de las vacunas, como la gelatina, los antibióticos residuales o los conservantes. Saber cuáles son estos componentes le ayudará a elegir la vacuna adecuada.
- Seguimiento tras la vacunación:
    - Es habitual vigilar a los pacientes durante 15 minutos después de la vacunación. Las

personas con antecedentes de reacciones alérgicas graves a una vacuna o a uno de sus componentes deben ser vigiladas durante 30 minutos.

Gestión de las reacciones alérgicas:

- Deje de administrar la vacuna:
  - Si se produce una reacción durante la administración, suspenda inmediatamente.
- Solicite asistencia médica de urgencia:
  - Si los síntomas son graves, como la anafilaxia, llame inmediatamente a los servicios de emergencia.
- Administración de epinefrina (adrenalina):
  - Para las reacciones graves, la epinefrina es el tratamiento de elección. Debe administrarse por vía intramuscular en el músculo anterolateral del muslo.
- Vigilancia:
  - Vigile de cerca al paciente para detectar signos de empeoramiento o mejoría.
- Otros tratamientos:
  - Los antihistamínicos y los corticosteroides pueden utilizarse para controlar los síntomas menos graves, pero no sustituyen a la epinefrina en caso de reacciones graves.
- Informe:
  - Documente la reacción e informe al proveedor de atención primaria del paciente. Además, informe de la reacción a través de los sistemas nacionales de seguimiento de reacciones adversas a las vacunas.
- Evaluación posterior:
  - Los pacientes que hayan tenido una reacción alérgica a una vacuna deben ser evaluados por un alergólogo para determinar la causa exacta y decidir sobre la seguridad de administraciones posteriores de la vacuna o de vacunas similares.

La mayoría de las reacciones alérgicas a las vacunas son leves, pero un tratamiento rápido y adecuado es esencial en caso de reacción grave. Una buena comunicación con los pacientes sobre los riesgos y beneficios, y la preparación para el tratamiento de las reacciones alérgicas, son esenciales para garantizar la seguridad de los pacientes y mantener la confianza en los programas de vacunación.

El papel de la enfermera en la educación y promover la vacunación

Las enfermeras desempeñan un papel esencial en la educación y la promoción de la vacunación. Sus acciones son cruciales para asegurar una cobertura óptima de vacunación, prevenir enfermedades infecciosas y garantizar la salud pública. He aquí las principales responsabilidades y acciones de la enfermera en este ámbito:

- Educación de los pacientes y del público :
    - Proporcionar información sobre la importancia de la vacunación, las enfermedades que pueden prevenirse y los beneficios y riesgos potenciales que conlleva.
    - Desmontando mitos y conceptos erróneos sobre las vacunas, a menudo difundidos por las redes sociales o por rumores.
    - Tranquilice a los padres indecisos abordando sus preocupaciones y proporcionándoles información basada en pruebas.
- Evaluación de la salud y del historial de vacunación :
    - Revise los historiales médicos para determinar qué vacunas son necesarias según la edad, el estado de salud y las recomendaciones locales/nacionales.

- Identifique las contraindicaciones potenciales de la vacunación.
- Administración de vacunas :
  - Garantizar técnicas de administración correctas y seguras.
  - Vigile a los pacientes tras la vacunación para detectar cualquier reacción adversa.
- Documentación:
  - Mantenga actualizados los registros de vacunación de los pacientes.
  - Documente cualquier reacción adversa y notifique los acontecimientos adversos graves a las autoridades sanitarias pertinentes.
- Sensibilización de la comunidad :
  - Participar en campañas de vacunación en la comunidad, sobre todo en escuelas, centros de salud comunitarios y en acontecimientos especiales.
  - Trabajar con otros profesionales sanitarios para reforzar los mensajes sobre la importancia de la vacunación.
- Actualización continua :
  - Manténgase al día de las últimas recomendaciones sobre vacunas, las nuevas investigaciones y las mejores prácticas en vacunación.
  - Participe en la formación continua para garantizar una práctica basada en pruebas.
- Gestión de las dudas sobre las vacunas :
  - Identifique a los pacientes o familiares indecisos e inicie un diálogo abierto y sin confrontaciones para comprender sus preocupaciones.
  - Proporcione información clara, precisa y basada en pruebas para ayudar a fundamentar la decisión.

- Defensa :
  - Trabajar con los responsables de la toma de decisiones, los organismos de salud pública y otros profesionales sanitarios para promover las políticas de vacunación.
  - Participe en iniciativas de promoción para reforzar la importancia de la vacunación y abordar los obstáculos a la cobertura vacunal.
- Gestión de emergencias :
  - En el contexto de los brotes epidémicos, la enfermera puede desempeñar un papel clave en la rápida puesta en marcha de campañas de vacunación para controlar la propagación de la enfermedad.

Las enfermeras son fundamentales en la promoción de la vacunación, ya que desempeñan funciones educativas, clínicas, administrativas y de defensa. Su capacidad para educar, tranquilizar y cuidar a los pacientes las hace esenciales para garantizar la salud pública mediante la vacunación.

Capítulo 31

ASPECTOS MEDIOAMBIENTALES INTERIORES

Alérgenos comunes del ambiente interior: ácaros del polvo, moho, pelo de animales

Los alérgenos del ambiente interior pueden provocar una serie de síntomas en las personas sensibles, desde una irritación leve hasta reacciones alérgicas graves. He aquí una descripción detallada de los alérgenos comunes en interiores:

- Ácaros :
    - **Descripción**: Son arácnidos diminutos que viven en el polvo doméstico. Se alimentan principalmente de células muertas de la piel humana.
    - **Fuentes principales**: Colchones, almohadas, edredones, alfombras, cortinas, felpa y otros textiles.
    - **Síntomas comunes**: Estornudos, congestión nasal, picor de ojos, asma, erupciones cutáneas.
    - **Prevención**: Utilice fundas antiácaros para colchones y almohadas, lave la ropa de cama con regularidad a altas temperaturas, mantenga bajos los niveles de humedad, aspire con frecuencia con una aspiradora con filtro HEPA.
- Molde :
    - **Descripción**: Los mohos son hongos microscópicos que crecen en condiciones de alta humedad.
    - **Fuentes principales**: Baños, sótanos, cocinas, macetas, frigoríficos, ventanas y zonas donde se estanque el agua.
    - **Síntomas comunes**: Estornudos, congestión nasal, tos, asma, irritación ocular, erupciones cutáneas.

- **Prevención**: Mantenga una buena ventilación, utilice un deshumidificador si es necesario, limpie regularmente las zonas húmedas con un producto antifúngico, elimine las fugas de agua.
- Pelo de animal :
    - **Descripción: No se trata** sólo de pelos, sino también de escamas (piel muerta), saliva, orina y secreciones de las glándulas sebáceas de los animales.
    - **Fuentes principales**: Animales domésticos como gatos, perros, pájaros y roedores.
    - **Síntomas comunes**: Estornudos, congestión nasal, asma, picor de ojos, erupciones cutáneas.
    - **Prevención**: Si es posible, evite tener mascotas si es alérgico. De lo contrario, bañe a su mascota con regularidad, pase la aspiradora con frecuencia, mantenga a las mascotas fuera de los dormitorios, utilice purificadores de aire y lave la ropa de cama y los juguetes de su mascota con regularidad.

Es esencial reconocer estas fuentes de alérgenos en el ambiente interior y tomar medidas para reducirlas. Para las personas sensibles, una reducción significativa de la exposición puede suponer una mejora de los síntomas y una mejor calidad de vida.

Consejos para reducir la exposición a los alérgenos domésticos

Reducir la exposición a los alérgenos domésticos puede ayudar a prevenir o aliviar los síntomas alérgicos. He aquí algunos consejos para minimizar la exposición a estos alérgenos en su hogar:

- Ácaros :
  - Utilice fundas antiácaros para colchones, almohadas y edredones.
  - Lave regularmente la ropa de cama a alta temperatura (al menos 60°C).
  - Aspire con frecuencia con una aspiradora equipada con un filtro HEPA (High Efficiency Particulate Air).
  - Evite las alfombras o moquetas en los dormitorios.
  - Mantenga los niveles de humedad bajos, idealmente entre el 30% y el 50%.
  - Ventile las habitaciones con regularidad.
- Molde :
  - Asegúrese de que haya una buena ventilación en las habitaciones húmedas, como baños y cocinas.
  - Utilice un deshumidificador en las zonas húmedas.
  - Limpie las superficies regularmente con productos antifúngicos.
  - Elimine rápidamente todas las fuentes de fugas de agua.
  - Evite regar en exceso las plantas de interior.
- Pelo y caspa de animales :
  - Si es posible, elija animales con fama de producir menos alérgenos (aunque ningún animal es completamente hipoalergénico).
  - Restrinja el acceso de sus mascotas a determinadas zonas, especialmente a los dormitorios.
  - Bañe y cepille a sus mascotas con regularidad.
  - Pase la aspiradora con regularidad y limpie las superficies donde su mascota pasa la mayor parte del tiempo.
  - Utilice purificadores de aire para reducir los alérgenos transportados por el aire.

- Varios alérgenos :
  - Evite fumar en espacios cerrados.
  - Elija cortinas y persianas fáciles de lavar y lávelas con regularidad.
  - Evite los muebles tapizados o elija revestimientos antialérgicos.
  - Ventile la casa con regularidad para renovar el aire.
  - Utilice purificadores de aire para filtrar los alérgenos.
- Cucarachas y otros insectos:
  - Conserve los alimentos en recipientes herméticos.
  - Retire rápidamente los restos y las migas.
  - Utilice insecticidas o trampas para cucarachas si es necesario.
  - Repare cualquier fuga, ya que las cucarachas se sienten atraídas por el agua.
- Polen :
  - Mantenga las ventanas cerradas durante la temporada de polen.
  - Utilice el aire acondicionado con el filtro limpio.
  - Dúchese y cámbiese de ropa después de pasar tiempo al aire libre durante los picos de polen.

Siguiendo estos consejos y adaptando su entorno, puede reducir considerablemente su exposición a los alérgenos domésticos y mejorar su calidad de vida.

La importancia de un aire interior sano: humedad, ventilación, purificadores

La calidad del aire interior es crucial para nuestra salud y bienestar, ya que pasamos gran parte de nuestro tiempo en espacios cerrados. Los problemas con la calidad del aire interior pueden tener un impacto directo en la salud, sobre todo al exacerbar las alergias y los problemas respiratorios. A continuación le explicamos por qué es importante mantener un aire interior saludable y cómo pueden ayudarle factores como la humedad, la ventilación y los purificadores de aire:

- Humedad :
  - **Función**: Una humedad correctamente regulada ayuda a prevenir la proliferación de ácaros del polvo, moho y ciertas bacterias.
  - **Riesgos del exceso de humedad**: Los altos niveles de humedad favorecen el crecimiento de moho y ácaros del polvo, que son potencialmente alergénicos.
  - **Riesgos de la baja humedad**: El aire demasiado seco puede irritar las vías respiratorias, provocar sequedad cutánea y aumentar la vulnerabilidad a las infecciones víricas.
  - **Recomendación**: Es aconsejable mantener la humedad relativa entre el 30% y el 50%.
- Ventilación :
  - **Función**: Una ventilación eficaz renueva el aire interior, eliminando los contaminantes y reduciendo los niveles de alérgenos.
  - **Riesgos de una ventilación inadecuada**: Puede provocar una acumulación de contaminantes, como monóxido de carbono, radón, compuestos orgánicos volátiles (COV), tabaco y otros alérgenos.
  - **Recomendación**: Asegúrese de que dispone de una ventilación adecuada, especialmente en zonas de alta humedad como baños y cocinas. También se recomienda el uso de VMC (Ventilation Mécanique Contrôlée).

- Purificadores de aire :
  - **Función**: Filtran el aire para eliminar partículas, alérgenos y a veces incluso gases. Pueden ser especialmente útiles en zonas de alta contaminación o para las personas que sufren alergias o asma.
  - **Efecto**: Los purificadores equipados con filtros HEPA (High Efficiency Particulate Air) son eficaces para eliminar muchas partículas, incluidos ciertos alérgenos como el pelo de las mascotas, el polen y los ácaros del polvo.
  - **Recomendación**: Si está pensando en utilizar un purificador de aire, busque un modelo adecuado al tamaño de su habitación y tenga en cuenta el tipo y la calidad del filtro.

Otras consideraciones :
- Procure reducir la fuente de contaminantes: evite fumar en interiores, utilice productos domésticos respetuosos con el medio ambiente, evite materiales de construcción y decoración que emitan COV, etc.
- Las plantas de interior también pueden ayudar a mejorar la calidad del aire, aunque su eficacia está abierta a debate.

Mantener un aire interior sano es crucial para una buena salud. Prestar atención a la humedad, la ventilación y, en caso necesario, la purificación del aire, puede mejorar significativamente el bienestar de los ocupantes de una vivienda o un lugar de trabajo.

Los retos entornos profesionales

Los entornos profesionales presentan retos alergológicos e inmunológicos específicos. Ya sea una oficina, una obra, una fábrica o un hospital, cada lugar de trabajo tiene sus propios riesgos. He aquí algunos de los principales retos relacionados con la alergología y la inmunología en el lugar de trabajo:

- **Exposición a alérgenos específicos**: Algunos trabajos exponen a los trabajadores a alérgenos específicos. Por ejemplo:
  - Los panaderos pueden estar expuestos a la harina.
  - Los peluqueros pueden entrar en contacto con las sustancias químicas de los tintes.
  - El personal sanitario puede estar expuesto al látex.
- **Enfermedades profesionales**: La exposición continuada a determinados productos o sustancias puede provocar enfermedades profesionales. Por ejemplo, el amianto puede provocar enfermedades pulmonares en los trabajadores de la construcción.
- **Calidad del aire interior**: En los edificios mal ventilados o que contienen materiales de construcción que emiten compuestos orgánicos volátiles (COV), la calidad del aire puede verse comprometida, aumentando el riesgo de alergias y problemas respiratorios.
- **El estrés y el sistema inmunológico**: El estrés en el trabajo puede afectar al sistema inmunológico, haciendo a las personas más vulnerables a las infecciones.
- **Entornos confinados**: En lugares como minas o submarinos, la exposición a alérgenos o agentes infecciosos en un espacio confinado puede tener graves consecuencias para la salud.
- **Exposición a agentes infecciosos**: El personal sanitario y el que trabaja en laboratorios de investigación puede estar expuesto a agentes infecciosos, lo que requiere estrictos protocolos de prevención.

- **Retos de la prevención**: Identificar y reducir los riesgos laborales requiere evaluaciones periódicas del lugar de trabajo, formación continua de los empleados y la aplicación de medidas de seguridad.
- **Reconocimiento e indemnización**: Cuando un trabajador desarrolla una enfermedad o alergia relacionada con el trabajo, reconocerla como enfermedad profesional y establecer una indemnización puede ser un proceso complejo.

Para gestionar estos retos :

- **Formación y educación**: Los empresarios deben proporcionar formación periódica sobre los peligros potenciales y cómo evitarlos.
- **Evaluaciones periódicas**: Los lugares de trabajo deben evaluarse periódicamente para identificar los riesgos potenciales.
- **Equipo de protección personal**: Proporcione y exija el uso de equipo de protección adecuado, como mascarillas, guantes y ropa protectora.

Prevenir y gestionar las alergias y los problemas inmunológicos en el lugar de trabajo requiere la colaboración entre empresarios, empleados, profesionales sanitarios y expertos en salud laboral.

Capítulo 32

ASPECTOS EPIDEMIOLÓGICOS

Tendencias y estadísticas mundiales sobre alergias

Las alergias se encuentran entre las enfermedades crónicas más comunes en todo el mundo. En las últimas décadas, se ha producido un aumento significativo de la prevalencia de diferentes formas de alergia en muchas partes del mundo. He aquí un resumen de las tendencias y estadísticas mundiales sobre las alergias:

* **Aumento de la prevalencia**: Numerosos estudios han demostrado un aumento de la prevalencia de las alergias, sobre todo en los países industrializados. Enfermedades alérgicas como el asma, la rinitis alérgica, la dermatitis atópica y las alergias alimentarias han aumentado en frecuencia.
* Alergias alimentarias :
    * Las alergias alimentarias, sobre todo en los niños, van en aumento. Entre los alérgenos alimentarios más comunes se encuentran los cacahuetes, la leche, los huevos, la soja, el trigo, los frutos secos, el pescado y el marisco.
    * En algunos países, como Estados Unidos, hasta el 8% de los niños están afectados por algún tipo de alergia alimentaria.
* **Asma**: El asma es una de las enfermedades crónicas más comunes en los niños, y también afecta a un gran número de adultos. Su prevalencia ha aumentado en los últimos 20 a 30 años.
* Impacto de los cambios medioambientales :
    * El aumento de los niveles de contaminación y el cambio climático se   han asociado a un incremento de la prevalencia de las alergias respiratorias.
    * También se ha sugerido como posible razón el fenómeno del "efecto higiene", por el que se cree que una menor exposición a las

infecciones durante la infancia provoca un aumento de las respuestas alérgicas.

- Desglose geográfico :
  - Aunque las enfermedades alérgicas son frecuentes en los países industrializados, también están aumentando en los países en desarrollo a medida que estos últimos se urbanizan.
  - Existen variaciones regionales en la prevalencia de ciertas alergias, probablemente debido a diferencias medioambientales, genéticas y de estilo de vida.
- **Factores de riesgo**: Además de la genética, otros factores de riesgo son las infecciones víricas tempranas, la contaminación, la exposición a ciertos alérgenos durante la infancia y los hábitos alimentarios.
- **Costes económicos**: Las alergias suponen importantes costes para los sistemas sanitarios debido a las hospitalizaciones, la medicación y la pérdida de productividad. También pueden acarrear costes indirectos, como días perdidos en la escuela o el trabajo.
- **Concienciación y educación**: Es esencial aumentar la concienciación sobre las alergias y su tratamiento. Muchos países han puesto en marcha programas para educar al público y a los profesionales sanitarios sobre la prevención y el tratamiento de las alergias.

La salud pública está creciendo a escala mundial. Una mejor comprensión de las causas subyacentes y una mayor concienciación pueden ayudar a desarrollar estrategias de prevención y tratamiento más eficaces.

Factores de riesgo y predisposición

Las alergias son el resultado de una reacción exagerada del sistema inmunitario a sustancias que suelen ser inofensivas para la mayoría de las personas. Varios factores de riesgo y predisposiciones pueden aumentar la probabilidad de desarrollar una alergia. He aquí una visión general de los principales factores de riesgo y predisposiciones asociados a las alergias:

- Factores genéticos :
    - **Predisposición familiar**: Tener padres o hermanos que padezcan enfermedades alérgicas como asma, rinitis alérgica o eccema aumenta el riesgo de desarrollar una alergia.
- Factores medioambientales :
    - **Exposición temprana: La exposición** temprana a ciertos alérgenos durante la infancia puede aumentar el riesgo de desarrollar alergias. Sin embargo, también hay pruebas que sugieren que la exposición regular a los alérgenos en la primera infancia puede tener un efecto protector.
    - **Contaminación**: La contaminación del aire, en particular la contaminación interior causada por factores como el tabaquismo pasivo, puede aumentar el riesgo de alergias respiratorias.
    - **Cambio climático**: Los cambios en los niveles de pólenes y otros alérgenos transportados por el aire debidos al cambio climático pueden afectar a la sensibilidad alérgica.
    - **Exposición ocupacional**: La exposición a ciertas sustancias químicas o materiales en el lugar de trabajo puede provocar alergias ocupacionales.

- Factores de salud :
  - **Infecciones tempranas**: Ciertas infecciones víricas o bacterianas en la primera infancia pueden aumentar el riesgo de alergias. Por ejemplo, las infecciones respiratorias tempranas pueden asociarse a un mayor riesgo de asma.
  - **Modo de nacimiento**: Se ha sugerido que la cesárea puede estar asociada a un riesgo ligeramente mayor de alergias, posiblemente debido a diferencias en la exposición microbiana en el momento del nacimiento.
- Otros factores :
  - **Efecto higiene**: La hipótesis del efecto higiene sugiere que vivir en un entorno excesivamente limpio, con menos exposición a los microbios, puede aumentar el riesgo de alergias.
  - **Estilo de vida**: Una dieta desequilibrada, la obesidad y la falta de actividad física también pueden contribuir al riesgo de alergias.
  - **Edad**: Aunque las alergias pueden desarrollarse a cualquier edad, son más frecuentes en los niños. Sin embargo, ciertos tipos de alergia, en particular las alergias a medicamentos, son más frecuentes en los adultos.

Hay que tener en cuenta que las alergias suelen ser el resultado de una compleja combinación de factores genéticos y ambientales. Comprender estos factores de riesgo y predisposiciones puede ayudar a desarrollar estrategias de prevención y a identificar a los individuos de riesgo.

Comprender el aumento de las alergias a lo largo del tiempo

El aumento de las alergias en las últimas décadas es un fenómeno complejo y multifactorial. Varias teorías y estudios han intentado explicar esta tendencia creciente. He aquí algunas de las principales razones y teorías que podrían explicar este aumento:

- **La hipótesis de la higiene**: Esta teoría sugiere que vivir en entornos más estériles y tener menos infecciones durante la infancia puede hacer que el sistema inmunitario sea menos tolerante y más propenso a reaccionar ante sustancias inocuas. En otras palabras, una menor exposición a agentes infecciosos en la primera infancia podría predisponernos a un mayor riesgo de alergias.
- Cambio medioambiental :
  - **Contaminación**: La exposición a contaminantes atmosféricos, como partículas finas o gases de escape de vehículos, puede sensibilizar las vías respiratorias y aumentar el riesgo de alergias respiratorias.
  - **Cambio climático**: El aumento de las temperaturas y de los niveles de CO_2 puede provocar una mayor producción de polen por parte de ciertas plantas, alargando la temporada de polinización.
- Factores dietéticos :
  - **Dieta occidental**: Una dieta rica en grasas saturadas y azúcar y pobre en fibra podría desempeñar un papel en el aumento de las alergias.
  - **Introducción tardía de alimentos alergénicos**: En el pasado, las recomendaciones solían sugerir retrasar la introducción de alimentos potencialmente

alergénicos. Sin embargo, estudios más recientes sugieren que la introducción temprana de estos alimentos puede en realidad reducir el riesgo de alergias.

- **Uso de antibióticos**: Tomar antibióticos, especialmente en los primeros años de vida, puede alterar la microbiota intestinal, lo que podría aumentar el riesgo de alergias.
- **Vida en interiores**: Pasar más tiempo en interiores, con una ventilación reducida y una mayor exposición a alérgenos de interior como los ácaros del polvo doméstico, puede aumentar el riesgo de alergias.
- **Factores genéticos**: Aunque los genes no han cambiado tan rápidamente como la incidencia de las alergias, es posible que ciertos factores genéticos interactúen con los factores ambientales mencionados anteriormente para aumentar el riesgo de alergias.
- **Urbanización**: Vivir en un entorno urbano, con una exposición reducida a la diversidad microbiana que se encuentra en los entornos rurales, podría aumentar el riesgo de alergias.
- **Presión social y diagnóstico**: Una mayor concienciación sobre las alergias y un mejor acceso a la atención sanitaria pueden conducir a un diagnóstico más frecuente.

Es importante señalar que el aumento de las alergias se debe probablemente a una combinación de varios de estos factores. Además, la incidencia de las alergias puede variar entre regiones y poblaciones. Se sigue investigando para comprender plenamente las causas de este aumento y desarrollar estrategias de prevención eficaces.

Importancia vigilancia epidemiológica

La vigilancia epidemiológica es un elemento crucial de la salud pública. Se refiere a la recopilación, el análisis, la interpretación y la difusión periódica de información relacionada con la salud, con el objetivo de prevenir y controlar las enfermedades. He aquí por qué es tan importante:

- **Detección precoz de epidemias**: La vigilancia permite la detección precoz de nuevas epidemias o el resurgimiento de enfermedades conocidas. Esta detección precoz facilita una intervención rápida, limitando así la propagación de la enfermedad.
- **Comprender las tendencias y los patrones**: Al seguir la evolución de las enfermedades a lo largo del tiempo, la vigilancia epidemiológica permite identificar las tendencias, los grupos de riesgo, las zonas geográficas afectadas y las estaciones de predilección por determinadas enfermedades.
- **Evaluación de las intervenciones**: La vigilancia proporciona datos para evaluar la eficacia de las intervenciones, ya sean campañas de vacunación, educación sanitaria o cualquier otro programa.
- **Asignación de recursos**: Gracias a la vigilancia, los responsables de la sanidad pública pueden asignar los recursos donde más se necesitan, en función de la prevalencia o la incidencia de la enfermedad.
- **Investigación**: Los datos epidemiológicos alimentan la investigación, ayudando a identificar las causas de las enfermedades, los factores de riesgo y las oportunidades de intervención.
- **Preparación y respuesta ante emergencias**: En caso de epidemia o pandemia, es esencial disponer de datos actualizados y precisos para poder aplicar las respuestas adecuadas.

- **Desarrollo de políticas sanitarias**: Los responsables de la toma de decisiones se basan en los datos de vigilancia para desarrollar, adaptar o evaluar las políticas y estrategias de salud pública.
- **Educación pública**: Los datos de vigilancia pueden utilizarse para educar al público sobre los riesgos para la salud, los modos de transmisión de las enfermedades y las medidas preventivas.
- **Enlace internacional**: en un mundo cada vez más interconectado, la vigilancia epidemiológica permite compartir información entre países, lo que facilita la coordinación de las respuestas a las amenazas transfronterizas.
- **Identificar nuevas amenazas**: Además de las enfermedades conocidas, la vigilancia epidemiológica puede ayudar a detectar la aparición de nuevas patologías o nuevas cepas de enfermedades existentes.

Cuando se lleva a cabo correctamente, la vigilancia epidemiológica desempeña un papel clave en la protección de la salud de las poblaciones. Requiere una recogida de datos rigurosa, un análisis estadístico, una interpretación juiciosa y una comunicación eficaz para alcanzar todo su potencial.

Capítulo 33

COLABORACIÓN INTERPROFESIONAL

Trabajo en equipo con médicos, farmacéuticos y dietistas

El trabajo en equipo multidisciplinar, especialmente en la asistencia sanitaria, es fundamental para ofrecer una atención integral y coordinada a los pacientes. Cada profesional aporta habilidades específicas y una visión particular de la atención. He aquí algunos puntos clave sobre el trabajo en equipo con médicos, farmacéuticos, dietistas y otros profesionales sanitarios:

- Habilidades complementarias :
    - **Médicos**: Diagnostican, prescriben tratamientos y coordinan la asistencia.
    - **Farmacéuticos**: Asesoran sobre los medicamentos, sus efectos secundarios e interacciones, y garantizan su correcta dispensación.
    - **Dietistas**: Ofrecen consejos nutricionales adaptados a la patología o condición del paciente.
    - **Enfermeras**: Son responsables de la supervisión diaria, la administración del tratamiento y la educación terapéutica, y a menudo son el primer punto de contacto para los pacientes.
- **Comunicación fluida**: La comunicación abierta y respetuosa es esencial para compartir información, hacer preguntas, aclarar dudas y discutir los mejores planes de tratamiento para el paciente.
- **Reuniones periódicas**: Estas reuniones sirven para debatir casos complejos, ajustar tratamientos y asegurarse de que todos los miembros del equipo están en la misma onda.
- **Centrarse en el paciente**: El objetivo principal es siempre el bienestar del paciente. Cada profesional

debe dejar a un lado sus egos y diferencias para centrarse en lo que es mejor para el paciente.

- **Formación continua**: La constante evolución de los conocimientos médicos implica que cada miembro del equipo debe mantenerse al día. Esto también nos ayuda a comprender mejor y respetar el papel de cada profesional.
- **Función educativa**: Además de la atención directa, el equipo también tiene una función educativa. Ya sea enseñando a los pacientes a controlar su enfermedad, informando sobre los efectos secundarios de la medicación o dando consejos dietéticos adecuados.
- **Coordinación asistencial**: Garantizar una transición fluida entre los distintos niveles asistenciales (hospitalización, atención domiciliaria, consultas especializadas) es crucial para la continuidad de la atención.
- **Derivaciones**: En función de las necesidades del paciente, el equipo puede derivarlo a otros especialistas o servicios (psicología, fisioterapia, etc.).
- **Documentación e intercambio de información**: Mantener registros actualizados y accesibles para todos los miembros del equipo ayuda a garantizar una atención coherente.
- **Respeto mutuo**: Cada miembro del equipo debe valorar y respetar las habilidades y opiniones de los demás, incluso cuando no estén de acuerdo.

El enfoque multidisciplinar está reconocido actualmente como una de las formas más eficaces de garantizar una atención integral y personalizada a los pacientes. Sin embargo, requiere un compromiso de colaboración, comunicación y formación continua por parte de todos sus miembros.

La importancia de la comunicación y la coordinación de la atención

La comunicación y la coordinación asistencial son fundamentales en el sector sanitario para garantizar una atención óptima al paciente. No sólo mejoran los resultados clínicos, sino que también fortalecen la relación entre el paciente y el profesional sanitario, optimizan los recursos y evitan errores médicos. A continuación le explicamos por qué estos dos elementos son de vital importancia:

- Seguridad del paciente :
    - Una comunicación eficaz reduce el riesgo de errores médicos, omisiones o duplicación de prescripciones y tratamientos.
    - Garantiza que todos los profesionales implicados en el cuidado de un paciente conozcan los procedimientos, las alergias, las contraindicaciones y el historial médico.
- Continuidad de   los cuidados :
    - La coordinación garantiza una transición fluida entre los distintos niveles y actores del sistema asistencial (hospital, clínica, atención domiciliaria, médico de cabecera, especialistas, etc.).
    - Evita las interrupciones del tratamiento y garantiza que los pacientes reciban una atención coherente en cada etapa de su recorrido médico.
- Optimizar los recursos :
    - Evita pruebas o procedimientos redundantes, ahorrando tiempo y dinero.
    - Garantiza que los recursos médicos se utilicen de forma eficiente.

- Satisfacción del paciente :
  - Una buena comunicación y coordinación aumentan la confianza de los pacientes en los profesionales sanitarios.
  - Garantizan que el paciente esté bien informado, lo que puede reducir la ansiedad y fomentar la adherencia al tratamiento.
- Decisión compartida :
  - La comunicación fomenta la toma de decisiones compartida entre el paciente y los profesionales sanitarios, lo que permite adaptar la atención a las necesidades y deseos del paciente.
- Gestión de enfermedades crónicas :
  - La coordinación es esencial para los pacientes que padecen enfermedades crónicas que requieren la intervención de múltiples profesionales sanitarios.
- Refuerzo del equipo médico :
  - Una comunicación abierta y respetuosa entre profesionales refuerza la cohesión del equipo, permite compartir conocimientos y mejora la atención.
- Gestión de emergencias :
  - En situaciones críticas, una comunicación clara y rápida es esencial si queremos actuar con eficacia y seguridad.
- Educación y comprensión :
  - Una buena comunicación garantiza que los pacientes comprendan su enfermedad, su tratamiento y las medidas que deben tomar para mantener su salud.
- Respeto y dignidad:
  - Al comunicarse con empatía y coordinar los cuidados, los profesionales sanitarios muestran respeto por el paciente, reforzando así la relación terapéutica.

La comunicación y la coordinación asistencial son las piedras angulares de la medicina moderna centrada en el paciente. Ponerlas en práctica requiere formación, compromiso y herramientas adecuadas (como la historia clínica electrónica), pero los beneficios para los pacientes y el sistema sanitario en general son inmensos.

Casos prácticos: historias de éxito colaboración interprofesional

La colaboración interprofesional en la asistencia sanitaria es esencial para una atención integral y óptima del paciente. He aquí algunos estudios de casos que ilustran éxitos notables gracias a estas colaboraciones:

1. Tratamiento del dolor crónico :
Situación: Un paciente que sufría dolores crónicos relacionados con la artrosis estaba siendo tratado por su médico de cabecera. A pesar de varios medicamentos, el dolor persistía, afectando a su calidad de vida.
Intervención: Un equipo formado por un reumatólogo, un fisioterapeuta, un psicólogo y un farmacéutico trabajó conjuntamente para proporcionar una atención integral.
Resultado: Gracias a un enfoque combinado (ajuste de la medicación, fisioterapia y estrategias de gestión del estrés), el dolor de la paciente se redujo significativamente.

2. Gestión de la diabetes :
Situación: Una paciente diabética tenía dificultades para controlar sus niveles de azúcar en sangre a pesar de tomar su medicación.
Intervención: Un equipo formado por un endocrinólogo, un dietista, una enfermera especializada en diabetes y un podólogo estudió su caso.
Resultado: La paciente se benefició de una dieta adecuada, educación sobre el autocontrol de los niveles

de azúcar en sangre y tratamiento para sus pies (con riesgo de úlceras). Su diabetes está ahora bien controlada.

3. Trastornos alimentarios en adolescentes :
Situación: Una adolescente padecía anorexia nerviosa grave.
Intervención: Un equipo formado por un pediatra, un psiquiatra, un nutricionista y un psicólogo trabajó conjuntamente para proporcionar una atención integral.
Resultado: La adolescente recibió apoyo médico, nutricional y psicológico, y recuperó gradualmente su peso mientras se trataban las causas subyacentes de su trastorno.

4. Rehabilitación de la apoplejía :
Situación: Un paciente ha sufrido un derrame cerebral con parálisis parcial del lado derecho.
Intervención: Un equipo formado por un neurólogo, un fisioterapeuta, un terapeuta ocupacional y un logopeda se ocupó del paciente.
Resultado: Tras varios meses de rehabilitación integrada e interprofesional, el paciente recuperó gran parte de sus funciones motoras y aprendió de nuevo a hablar correctamente.

5. Gestión de la demencia :
Situación: A un paciente anciano se le ha diagnosticado una demencia incipiente.
Intervención: Un equipo formado por un geriatra, un neurólogo, una enfermera especializada en geriatría, un psicólogo y un trabajador social elaboró un plan de cuidados.
Resultado: Gracias a un seguimiento médico adecuado, a la estimulación cognitiva y al apoyo social, la progresión de la enfermedad se ralentizó y la paciente pudo permanecer en casa más tiempo del esperado.

Estos estudios de casos ilustran la importancia de la colaboración interprofesional. Cuando cada profesional aporta su experiencia específica, la atención al paciente es más completa, más eficaz y se adapta mejor a las necesidades individuales.

Retos y buenas prácticas para una atención integrada

La atención integrada es un modelo de asistencia que pretende dar una respuesta coordinada y global a las necesidades sanitarias de una persona. Este enfoque requiere una estrecha colaboración entre los distintos profesionales sanitarios y otras partes interesadas. Aunque este modelo tiene muchas ventajas, como mejorar la calidad de la atención y reducir los costes, también presenta retos.

Retos de la atención integrada :
- **Comunicación interprofesional**: La comunicación clara y eficaz entre profesionales es esencial, pero puede complicarse por las barreras lingüísticas, los diferentes niveles de formación o las distintas especializaciones.
- **Integración tecnológica**: El uso de historiales médicos electrónicos y otras tecnologías puede variar de un profesional a otro, lo que dificulta la coordinación.
- **Formación y educación**: Puede que no todos los profesionales implicados tengan la formación necesaria para trabajar en un entorno integrado.
- **Resistencia al cambio**: Algunos profesionales pueden ser reacios a adoptar un nuevo modelo de atención por miedo a perder su autonomía profesional.

- **Cuestiones financieras**: La financiación de la atención integrada puede ser compleja, sobre todo en los sistemas sanitarios con múltiples pagadores.

Buenas prácticas para una atención integrada eficaz :

- **Formación interprofesional**: formar a los profesionales para que trabajen en equipo, comprendan las funciones de los demás y se comuniquen con eficacia.
- **Herramientas tecnológicas coherentes**: Adoptar plataformas tecnológicas comunes, como la historia clínica electrónica, que permitan una comunicación transparente y en tiempo real.
- **Protocolos de atención establecidos**: Establezca protocolos claros para la atención al paciente, asegurándose de que se adaptan a las necesidades específicas de cada paciente.
- **Centros de coordinación**: crear centros o equipos específicos encargados de coordinar la atención, garantizar la comunicación entre los profesionales y supervisar los planes de atención.
- **Evaluación continua**: Ponga en marcha mecanismos de evaluación y retroalimentación para valorar periódicamente la eficacia de la atención integrada e identificar las áreas susceptibles de mejora.
- **Participación del paciente**: Incluir a los pacientes y a sus familias en el proceso de toma de decisiones y asegurarse de que están informados y educados sobre su enfermedad y su plan de cuidados.
- **Financiación adecuada**: Trabaje con los pagadores para establecer modelos de financiación que apoyen y fomenten la atención integrada.

La atención integrada, cuando se aplica con eficacia, tiene el potencial de mejorar la calidad de la atención, aumentar la satisfacción de los pacientes y los profesionales sanitarios y reducir los costes. Para superar los retos y aprovechar todo el potencial de este modelo es esencial un enfoque colaborativo, respaldado por una formación adecuada, una tecnología apropiada y una financiación suficiente.

Capítulo 34

EVOLUCIÓN FUTURA DE LA ALERGOLOGÍA E INMUNOLOGÍA

Nuevas investigaciones y tratamientos

Los campos de la alergología y la inmunología están en constante evolución, con importantes avances en nuestra comprensión de los mecanismos subyacentes y el desarrollo de tratamientos innovadores. He aquí un vistazo a algunas de las nuevas y prometedoras investigaciones y tratamientos:

- **Biología de anticuerpos monoclonales**: Estos fármacos, diseñados específicamente para dirigirse a determinadas proteínas implicadas en las reacciones alérgicas e inmunitarias, ofrecen opciones de tratamiento para afecciones como el asma grave, la dermatitis atópica y otras alergias graves.
- **Terapia génica**: Se ha avanzado en el tratamiento de los trastornos de inmunodeficiencia primaria gracias a la terapia génica. Estas técnicas pretenden corregir el defecto genético que causa la enfermedad.
- **Microbioma y alergias**: La investigación está explorando cómo los desequilibrios en las bacterias intestinales (el microbioma) pueden influir en el desarrollo de alergias. Se están estudiando los probióticos y otras intervenciones para restaurar un microbioma sano con el fin de prevenir o tratar las alergias.
- **Desensibilización rápida**: Se están desarrollando protocolos acelerados de desensibilización a alérgenos como alimentos o venenos de insectos. Estas técnicas permiten que la desensibilización se produzca en unas horas en lugar de en varios meses.
- **Vacunas para las alergias**: Se están estudiando vacunas para tratar o prevenir ciertas alergias, en particular las alergias alimentarias.
- **Tratamiento de las alergias alimentarias**: Se están probando nuevos tratamientos, como parches cutáneos de inmunoterapia y terapias orales, para

tratar alergias alimentarias como la alergia al cacahuete.

- **Terapias con células madre**: Las células madre pueden tener el potencial de regenerar o reparar el tejido dañado en ciertas enfermedades inmunológicas.
- **Enfoques tecnológicos**: La adopción de la telemedicina, las aplicaciones móviles y los dispositivos de monitorización está permitiendo un mejor seguimiento de los pacientes alérgicos e inmunodeprimidos.
- **Tratamiento de la urticaria crónica: Se están** desarrollando nuevas dianas terapéuticas y fármacos para tratar la urticaria crónica, una afección que puede resultar incapacitante para algunos pacientes.
- **Identificación de biomarcadores**: Investigación de biomarcadores para predecir la gravedad, el pronóstico y la respuesta al tratamiento de enfermedades alérgicas e inmunológicas.

Estos avances son fruto de la investigación fundamental, los ensayos clínicos y la colaboración interdisciplinar. Aunque algunos de estos tratamientos ya están disponibles, otros aún están en fase de estudio. Sin embargo, estos avances ofrecen la esperanza de una mejor calidad de vida a los pacientes que sufren enfermedades alérgicas e inmunológicas.

Avances en las técnicas de diagnóstico

Las técnicas de diagnóstico en alergología e inmunología han evolucionado considerablemente en las últimas décadas. Las mejoras en estas técnicas han permitido una identificación más precisa de los alérgenos responsables de los síntomas y una mejor comprensión de los mecanismos inmunológicos subyacentes. He aquí una visión general de estos avances:

- Pruebas cutáneas :
  - **Prick Tests**: Aunque la técnica básica sigue siendo similar, la gama de alérgenos sometidos a prueba se ha ampliado. Además, la mejora de los dispositivos permite una mayor normalización de la aplicación.
  - **Pruebas intradérmicas**: Se utilizan principalmente para los alérgenos a los que las pruebas de punción son menos sensibles.
- Ensayo de IgE específica :
  - Inicialmente, las pruebas se limitaban a medir la IgE total. Hoy en día, se miden los anticuerpos IgE específicos de diferentes alérgenos, lo que proporciona una mayor precisión en la identificación del alérgeno responsable.
  - **Tecnología ImmunoCAP**: Permite la determinación de anticuerpos IgE específicos para una amplia gama de alérgenos.
- Pruebas de provocación :
  - Aunque son más antiguas, siguen siendo la referencia para diagnosticar ciertas alergias, en particular las alimentarias. Las técnicas y los protocolos se han perfeccionado para reducir los riesgos.
- Cytophoniqutest (Prueba de activación de basófilos) :
  - Mide la reacción de los basófilos (un tipo de glóbulo blanco) en presencia de un alérgeno. Esta técnica es especialmente útil en los casos en los que las pruebas cutáneas y la IgE específica no son concluyentes.
- Prueba del parche :
  - Se utiliza para identificar los alérgenos responsables de la dermatitis de contacto. La

gama de sustancias sometidas a prueba se ha ampliado con el reconocimiento de nuevos alérgenos.

- Tecnología de micromatrices :
  - Estos chips pueden detectar miles de alérgenos simultáneamente a partir de una sola muestra, lo que permite una evaluación detallada del perfil alérgico de un paciente.
- Técnicas de imagen :
  - Sobre todo en casos de asma u otras afecciones pulmonares relacionadas con la alergia. Los avances en las técnicas de diagnóstico por imagen, como la tomografía computarizada (TC) y la resonancia magnética (RM), ofrecen imágenes más precisas de la inflamación y otros cambios en los pulmones.
- Evaluación de la función inmunitaria :
  - Las pruebas avanzadas, como los ensayos de subpoblación linfocitaria, las mediciones de la respuesta linfoproliferativa y la detección de proteínas específicas, permiten diagnosticar y controlar las inmunodeficiencias primarias y secundarias.

Con estos avances, la precisión y la eficacia del diagnóstico de las alergias y los trastornos inmunológicos han mejorado enormemente, lo que se traduce en planes de tratamiento más adecuados y una mejor calidad de vida para los pacientes.

Retos futuros para las enfermeras

El papel de la enfermera de alergología, al igual que en otros ámbitos de la asistencia sanitaria, está en constante evolución. Varios retos aguardan a estos profesionales en el futuro:

- Aumento de la complejidad de la atención :
  - Con los avances tecnológicos y terapéuticos, la atención al paciente es cada vez más compleja. Las enfermeras necesitan estar al día de los últimos avances para proporcionar unos cuidados óptimos.
- Integración de la tecnología :
  - La telemedicina, los historiales médicos electrónicos, los dispositivos de monitorización a distancia, etc., requieren una formación y una adaptación continuas.
- Gestión de pacientes multimórbidos :
  - Muchos pacientes alérgicos tienen otras afecciones médicas. La gestión de estas comorbilidades requiere un enfoque holístico y una atención coordinada.
- Educación del paciente :
  - Con el aumento de las enfermedades alérgicas, la educación de los pacientes y sus familias se está convirtiendo en algo crucial. Esto incluye la enseñanza de la prevención, el reconocimiento de los síntomas y la gestión de las crisis.
- Gestionar el estrés y el agotamiento :
  - El entorno sanitario es exigente y el riesgo de agotamiento es alto. Encontrar estrategias para gestionar el estrés y mantener el equilibrio entre la vida laboral y personal es crucial.
- Cambios en el marco regulador :
  - Las leyes y los reglamentos pueden cambiar y afectar a la práctica de las enfermeras. Mantenerse al día y adaptarse a estos cambios es un reto constante.
- Colaboración interprofesional :
  - Trabajar en equipo con otros profesionales sanitarios (médicos, farmacéuticos, dietistas, etc.) requiere una comunicación y una coordinación eficaces.

- Diversidad cultural :
  - Las enfermeras pueden tener que tratar con pacientes de diferentes orígenes culturales y, por lo tanto, deben formarse en competencia cultural para proporcionar unos cuidados respetuosos y adecuados.
- Resistencia a los antimicrobianos:
  - Con el aumento de la resistencia a los fármacos, sobre todo en pacientes inmunodeprimidos, las enfermeras deben estar alerta y bien informadas sobre las mejores prácticas.
- Desafíos éticos :
  - Las enfermeras pueden enfrentarse a dilemas éticos, como rechazar un tratamiento, decisiones sobre el final de la vida o cuestiones genéticas.
- La necesidad de la investigación enfermera :
  - Contribuir a la investigación y a la evidencia científica en el campo de la enfermería alergológica es esencial para el avance de la profesión.

Ante estos retos, la formación continua, la investigación, el apoyo profesional y la colaboración eficaz son esenciales para que las enfermeras puedan ofrecer los mejores cuidados posibles a sus pacientes.

Capítulo 35

CONCLUSIÓN
Y
PERSPECTIVAS

El papel central de la enfermera en Alergología e Inmunología

La enfermera especializada en alergia e inmunología ocupa una posición única y esencial dentro del equipo médico. A menudo es el primer punto de contacto para los pacientes que experimentan síntomas de alergia o trastornos inmunológicos, actuando como puente entre ellos y el complejo mundo de la medicina especializada. Su papel va mucho más allá de las intervenciones clínicas básicas; también es educadora, asesora, investigadora y defensora del paciente.

En el ajetreo de la consulta médica, la enfermera es la figura tranquilizadora que se toma el tiempo necesario para escuchar y comprender las preocupaciones de los pacientes. Traduce la jerga médica a términos comprensibles, ayudando a los pacientes a descifrar sus síntomas, diagnósticos y opciones de tratamiento. Esta comunicación es esencial para que los pacientes se sientan implicados, escuchados y comprendidos en sus cuidados.

Las enfermeras también desempeñan un papel educativo vital. En el campo de la alergología, por ejemplo, instruye a los pacientes sobre cómo evitar los alérgenos, les enseña a reconocer los signos de una reacción alérgica grave y les orienta sobre el uso correcto de tratamientos como los autoinyectores de epinefrina. A los pacientes con inmunodeficiencias, les ofrece consejos sobre cómo reducir el riesgo de infecciones y asegurarse de que su vida sea lo más normal y satisfactoria posible.

Las enfermeras también están a la vanguardia de la investigación clínica. A menudo participan en la realización y el seguimiento de ensayos clínicos, contribuyendo al avance de nuevas terapias y estrategias de tratamiento.

Este papel como investigadoras refuerza la importancia de la formación continua, ya que las enfermeras necesitan mantenerse al día de los últimos descubrimientos e innovaciones.

Por último, como defensora, la enfermera lucha por los derechos de sus pacientes, asegurándose de que reciben una atención adecuada, son tratados con dignidad y respeto y tienen acceso a los recursos necesarios. Aboga por una mayor concienciación sobre las alergias y las inmunodeficiencias, destacando la necesidad de un mejor reconocimiento, un diagnóstico precoz y un tratamiento eficaz.

En resumen, la enfermera especializada en alergia e inmunología no es simplemente una persona que ejecuta órdenes médicas; es un pilar central del equipo médico. Gracias a su versatilidad, dedicación y proximidad a los pacientes, se asegura de que éstos reciban una atención holística, informada y atenta.

La importancia de la formación continua

La formación continua es un elemento fundamental en la carrera de cualquier profesional sanitario, y esto es especialmente cierto en el caso de las enfermeras. En un mundo en el que los conocimientos médicos
En un mundo en el que la atención sanitaria evoluciona a un ritmo frenético y la tecnología médica avanza constantemente, la necesidad de mantenerse al día nunca ha sido tan crucial.

En primer lugar, la formación continua garantiza que las enfermeras puedan proporcionar los mejores cuidados posibles a sus pacientes. Las terapias emergentes, las nuevas técnicas de diagnóstico y los avances en el tratamiento de los pacientes cambian constantemente la forma de prestar los cuidados. Sin una actualización periódica de los conocimientos, sería fácil para un profesional confiar en métodos anticuados, que pueden no ser los más beneficiosos para el paciente.

En segundo lugar, contribuye a reforzar la confianza profesional. Una enfermera bien informada sobre las últimas prácticas tiene más probabilidades de sentirse competente en su papel. Esta confianza se traduce no sólo en una mejor atención al paciente, sino también en una mejor interacción con los demás miembros del equipo asistencial.

La formación continua también es esencial para la progresión profesional. En muchos sistemas sanitarios de todo el mundo, la progresión en la jerarquía profesional o la especialización requiere a menudo cualificaciones o certificaciones adicionales que sólo pueden obtenerse a través de la formación continua. Además, abre las puertas a oportunidades como la docencia, la investigación o las funciones de asesoramiento.

Además, en un mundo cada vez más globalizado, la formación continua permite a las enfermeras comprender las prácticas internacionales, las enfermedades emergentes y los protocolos mundiales. Esto puede ser especialmente relevante para las enfermeras que trabajan en zonas turísticas, ciudades cosmopolitas o que se plantean trabajar en el extranjero.

Por último, más allá de los beneficios prácticos, existe un beneficio intrínseco en el propio aprendizaje. La curiosidad, el deseo de saber más y de mejorar son rasgos inherentes a muchos profesionales sanitarios. La formación continua alimenta esta sed de conocimiento, ofreciendo estimulación intelectual y satisfacción personal.

La formación continua es algo más que una obligación o una tarea. Es una oportunidad para que las enfermeras aumenten sus habilidades, mejoren su práctica y se aseguren de que siempre están proporcionando los mejores cuidados posibles a sus pacientes. En un campo tan vital y dinámico como la asistencia sanitaria, el estancamiento sencillamente no es una opción.

Fomente la nueva generación de enfermeras

En un mundo cada vez más complejo y especializado, el papel de la enfermera se ha convertido en esencial para el buen funcionamiento de los sistemas sanitarios. Por ello, es de vital importancia alentar a la próxima generación de enfermeras. He aquí cómo podemos inspirar y apoyar a la próxima oleada de dedicados cuidadores:

- **Promover la profesión**: Es vital destacar los éxitos y las importantes contribuciones de las enfermeras en el sector sanitario. Compartir historias y testimonios inspiradores puede motivar a los jóvenes a plantearse una carrera de enfermería.
- **Tutoría**: Se debe animar a las enfermeras con experiencia a que se conviertan en mentoras de las nuevas contratadas, ofreciéndoles consejo, apoyo y una valiosa perspectiva de la profesión.
- **Oportunidades de aprendizaje**: Deben ponerse a disposición de las enfermeras jóvenes programas de formación continua, talleres y seminarios que les ayuden a desarrollar sus habilidades y a mantenerse al día de los últimos avances médicos.
- **Fomentar la diversidad**: Es crucial animar a personas de distintos orígenes a que se unan a la profesión enfermera, enriqueciendo así la diversidad de experiencias y perspectivas dentro de la profesión.

- **Promover la investigación enfermera**: Apoyar y promover la investigación llevada a cabo por enfermeras reconoce su papel crucial no sólo como proveedoras de cuidados, sino también como investigadoras.

- **Ofrecer oportunidades profesionales variadas**: Es esencial mostrar a las jóvenes enfermeras que existen multitud de trayectorias profesionales posibles, ya sea especializándose en áreas concretas, trabajando en el extranjero o dedicándose a la investigación o la docencia.

- **Garantizar un entorno de trabajo saludable**: Un entorno de trabajo positivo, en el que se tengan en cuenta el bienestar y la salud mental de las enfermeras, atraerá a más jóvenes a la profesión.

- **Compromiso con la educación**: Las instituciones educativas deben seguir innovando en sus programas de formación de enfermería, garantizando que sean pertinentes, actualizados y centrados en el paciente.

- **Trabajo en red**: Anime a las enfermeras jóvenes a unirse a asociaciones profesionales en las que puedan conocer a otros profesionales, intercambiar experiencias y conocimientos y beneficiarse de valiosos recursos.

- **Reconocimiento y recompensas**: Los programas de reconocimiento y recompensas pueden motivar a las enfermeras, demostrándoles que se aprecian sus esfuerzos y su dedicación.

La nueva generación de enfermeras es la promesa de un sistema sanitario sólido y resistente para el futuro. Apoyándolas, valorándolas e invirtiendo en su educación y bienestar, garantizaremos no sólo unos cuidados de calidad para los pacientes, sino también la sostenibilidad y la innovación en la enfermería.

www.ingramcontent.com/pod-product-compliance
Lightning Source LLC
Chambersburg PA
CBHW072134290526
45794CB00004B/1311